图解建筑丛书

建筑现场营造与施工管理

[日] 黑田早苗 著
牛清山 译
毛 磊 校

中国建筑工业出版社

图字：01-2006-1115 号

图书在版编目(CIP)数据

建筑现场营造与施工管理/(日)黑田早苗著；牛清山译.
北京：中国建筑工业出版社，2007
（图解建筑丛书）
ISBN 978-7-112-09756-2

Ⅰ.建… Ⅱ.①黑…②牛… Ⅲ.①建筑工程-施工现场-
施工管理-图解 Ⅳ.TU721-64

中国版本图书馆 CIP 数据核字（2007）第 178946 号

ZUKAI Q&A KENCHIKU GENBA KANRI KNOW HOW by KURODA Sanae
Copyright © 1989 KURODA Sanae
All rights reserved.
Originally published in Japan by INOUE SHOIN, Tokyo
Chinese (in simplified character only) translation rights arranged with INOUE SHOIN, Japan
Through THE SAKAI AGENCY and Bardon-Chinese Media Agency.
Chinese Translation Copyright © 2008 China Architecture & Building Press

本书经（株）酒井著作权事务所和博达著作权代理有限公司代理，日本（株）
井上书院正式授权我社翻译、出版、发行本书中文版

责任编辑：董苏华 张 杰
责任设计：郑秋菊
责任校对：孟 楠 关 健

图解建筑丛书
建筑现场营造与施工管理
[日] 黑田早苗 著
　　牛清山 译
　　毛 磊 校

*
中国建筑工业出版社出版、发行（北京西郊百万庄）
各地新华书店、建筑书店经销
北京嘉泰利德公司制版
北京市密东印刷有限公司印刷
*
开本：880×1230 毫米 1/32 印张：7¼ 字数：400 千字
2008 年 6 月第一版　2008 年 6 月第一次印刷
定价：**24.00** 元
ISBN 978-7-112-09756-2
（16420）

版权所有　翻印必究
如有印装质量问题，可寄本社退换
（邮政编码 100037）

前　言

建筑工程现场的管理方法与内容不仅因建筑物的用途（事务所、集合住宅、学校、工厂、医院等），构造（SRC 结构、RC 结构、S 结构、空心砖结构等），建筑物规模（建筑面积、总楼地板面积、层数等），形状及施工方法，发包、合同内容等种种条件而有所不同，同时对诸问题而言也非仅有一种解答或对策即可解决。

因此，必需借由经过整理后的专门技术知识以及所积累的技术诀窍来加以充分的活用，以解决在现场日常发生的种种问题。同时也可在事前据以检查或预测可能会发生的问题。

本书汇集了专门的技术知识与资讯以及现场的实务经验和由诸多前辈指导下所获得的知识，并以在现场有数年实践经验的建筑工程师为对象，将这些资料连同工程开工前的准备资料全部以结构体为中心，用问答的方式来将必要的涉及现场管理的诸多问题呈现在读者面前。

笔者才疏学浅，惟恐知识与资讯不够充分而使本书的内容有所漏失，或者有比本书更为优良的答案而笔者不知，因此尚祈诸位先生能不吝指教则不胜感激。

黑田早苗
1989 年 7 月

目　　录

1 准备阶段

- 001　请对规范中常会被提到的 JASS 加以说明 …… 2
- 002　请问施工计划书的目的与内容为何？ …… 3
- 003　请说明施工要领书的目的及其制作要点 …… 4
- 004　施工图与施工计划文件的内容有哪些？ …… 6
- 005　请说明有关混凝土工程结构体施工图的绘制要领 …… 7
- 006　临时工程包括哪些项目？ …… 8
- 007　请说明外部脚手架的形式与规定 …… 9
- 008　框式钢管脚手架是什么？ …… 10
- 009　如何验算框式钢管脚手架的安全性？ …… 11
- 010　请问临时电气设备计划上的重点 …… 12
- 011　施工中重型机械或车辆在已完成的结构体上作业时应注意的重点为何？ …… 14
- 012　地基改良有哪些工法？ …… 15
- 013　开工时有哪些必要的法定手续？ …… 16
- 014　起重机、升降机的设置与使用有哪些相关法规？ …… 18
- 015　与起重机、升降机设备的运用有关的规定内容为何？ …… 21
- 016　请问建筑业法的修正（1988年6月施行）重点 …… 22
- 017　进行建筑工程时应采取哪些睦邻措施？ …… 23
- 018　请说明对附近居民的说明资料及协商的内容 …… 24
- 019　请说明一般工程中可能会对附近居民造成的困扰及其对策 …… 25
- 020　现场负责人对造成附近居民困扰的处理重点为何？ …… 26
- 021　请说明工程开工前对现场周围交通对策应有的内容 …… 27
- 022　从开工起到竣工止，建筑工程有哪些仪式要在现场举行？ …… 29
- 023　请问有关地质勘察报告中钻孔柱状图的相关内容 …… 31

目录

2 桩基、基础、土方工程　　33

- 024　请说明代表性的桩基施工法　　34
- 025　水泥乳浆工法施工的注意事项　　35
- 026　请说明主要挡土工法的特征及其适用条件　　36
- 027　开挖、挡土工程准备作业上的注意点有哪些？　　38
- 028　挡土工法施工上的注意点是什么？　　39
- 029　请说明土方工程中重要的排水工法　　40

3 钢结构工程　　43

- 030　请说明钢结构制品检查的具体流程　　44
- 031　请说明钢结构工厂的钢结构制作流程　　45
- 032　请说明钢结构制品会同检查时的重点　　46
- 033　请说明有关焊接部分的检查与焊接缺陷的补修　　47
- 034　与钢结构构件焊接有关的施工图上的焊接记号是什么？　　48
- 035　请问钢结构施工现场的施工精度标准　　50
- 036　请问钢结构构件的连接所使用的高强螺栓的相关事宜　　52

4 钢筋工程　　53

- 037　请说明钢筋的规格　　54
- 038　产品品质证明书是什么？　　55
- 039　请说明钢筋连接的方法有哪些？　　56
- 040　请问除了瓦斯压接及搭接以外还有哪些钢筋连接方法？　　57
- 041　请说明压接工人的技术资格及其品质检查内容　　59
- 042　瓦斯压接的管理重点是什么？　　60
- 043　请说明钢筋保护层的厚度及标准　　61
- 044　请说明确保钢筋保护层厚度用的垫块的相关事宜　　62
- 045　钢筋工程中确保保护层厚度的管理重点是什么？　　63
- 046　现场施工时确保保护层厚度应注意的要点是什么？　　64
- 047　请说明与配筋有关的检核重点及修正方法　　65

048	请问配电盘等设备影响柱、墙配筋时的改善方法	66
049	请问配筋作业管理上的重点	67
050	柱主筋配置不当而无法修正时应如何处理？	69
051	请说明防止钢筋起吊产生事故的对策	70
052	请说明钢筋加工、绑扎的品质管理与检查方法、检查标准	71

5 模板工程　　73

053	请问模板工程作业前有哪些应协商的重点	74
054	请说明钢筋混凝土构造物的模板支模顺序与内容	75
055	请说明柱、梁、墙、板的模板支模方法	76
056	请说明放样的重点	78
057	请说明放样线的种类及其表示方法	80
058	涂刷于模板上的脱模剂有哪几种？	81
059	请说明与钢筋混凝土构造物有关的模板支撑内容	82
060	应如何防止模板倒塌呢？	83
061	请说明模板的支模材料及其支模方法	84
062	请说明浇灌时防止混凝土产生骨料离析、蜂窝、浇灌不实等缺陷的对策	85
063	请说明由混凝土荷重产生的作用于模板上的侧压力的计算法	86
064	支模时如何才不会忘记预埋五金及套管	87
065	请扼要说明拆模作业顺序的重点	88
066	如何掌握模板材料的品质管理与检查作业	89
067	合理的拆模时间是如何规定的	90
068	请说明模板加工支模时的品质管理与检查方法	92
069	请说明模板工程品质管理作业程序的重点	93
070	请说明最近发展的模板工法	94
071	墙模构造如何检查？	96

6 混凝土工程　　99

072	混凝土的种类有哪些？	100

目 录

- 073 何谓高强混凝土? ……………………………………………… 102
- 074 何谓流动化混凝土? ……………………………………………… 103
- 075 请说明冬季低温时浇筑混凝土作业的相关事宜 ………………… 104
- 076 请说明夏季高温时浇筑混凝土作业的相关事宜 ………………… 105
- 077 请说明用于停车场出入口坡道的真空混凝土的相关事宜 ……… 106
- 078 请说明混凝土用的掺合料及其特征 ……………………………… 107
- 079 请说明预拌混凝土的规定强度 …………………………………… 108
- 080 选定预拌混凝土厂商并与之订立契约的过程中,
  现场管理者应注意哪些事情? ……………………………………… 109
- 081 进行混凝土浇灌作业前有哪些准备作业? ……………………… 110
- 082 浇筑混凝土用的泵车有哪些种类? ……………………………… 111
- 083 混凝土浇灌作业开始前各工种应准备或确认的事项有哪些? … 113
- 084 浇筑混凝土时输送管在配置时应注意哪些事项? ……………… 114
- 085 与混凝土车运送时间有关的困扰及对策是什么? ……………… 115
- 086 柱模及墙模下端在灌浆时有混凝土浆流出的原因与对策有哪些? … 116
- 087 灌浆时在开口部周围的下端有混凝土浆流出的原因与对策有哪些? … 117
- 088 如何避免浇筑混凝土时对混凝土的浇灌数量判断错误的情形发生? … 118
- 089 混凝土浇灌作业进行中若遇到下雨应如何处理 ………………… 119
- 090 钢筋混凝土建筑物常有哪些缺陷发生? ………………………… 120
- 091 混凝土浇灌完成后会有哪些目视可以发现的缺陷? …………… 121
- 092 请说明防止混凝土发生缺陷的对策及其修补方法 ……………… 123
- 093 请说明防止混凝土外墙发生龟裂的对策及引导性勾缝的做法 … 124
- 094 请说明对于混凝土建筑物产生裂缝原因的调查及其修补的方法 … 125
- 095 请说明楼板浇筑完成后数小时产生裂缝的原因及其补救的方法 … 127
- 096 请说明楼房底层的钢筋混凝土柱因混凝土的充填
  不良而产生的缺陷及其预防对策 ………………………………… 128
- 097 请说明相关法规对细骨料中所含盐分的规定内容 ……………… 129
- 098 请说明混凝土施工缝的设置原则 ………………………………… 130
- 099 请说明混凝土施工缝的处理方式 ………………………………… 131
- 100 混凝土工程中所使用的材料应如何管理? ……………………… 133
- 101 柱、梁、墙等混凝土构件的施工误差及粉刷、
  装修完成面的标准有何规定? …………………………………… 134

| 102 | 请说明混凝土表面的粉刷状态的检查及其试验方法 | 135 |

7 其他上部（地面以上）结构体工程　　137

103	请说明预制钢筋混凝土构件的制造作业与管理	138
104	请说明预制钢筋混凝土板式构造的施工方法	139
105	请说明预制钢筋混凝土构件接头部充填无收缩水泥砂浆的相关事宜	141
106	预制钢筋混凝土构件的尺寸精度以及裂缝、破损的判断标准是什么？	143
107	请说明新旧填缝接触处或续接处的注意要点	144
108	预制钢筋混凝土板式结构的安装作业的安全对策	145
109	请说明幕墙的种类及性能	147
110	粉刷作业前钢筋混凝土结构体的基层处理与抹灰修补的重点是什么？	148
111	请说明钢筋混凝土结构体的表面以水泥砂浆修补时，防止修补处产生裂缝的对策	149

8 管理手法　　151

112	何谓 TQC？	152
113	什么是 QC 七大手法？	153
114	何谓 VE？	156

9 工程管理　　157

115	请说明各工种的照相存档作业的重点	158
116	工程表的主要目的及表现方法是什么？	160
117	请说明网络工程表的用语与符号的意义	162
118	何谓多工区分割同期化工法？	164
119	请说明造成工程延误的可能原因及其影响	166

10 劳务、资材的管理　　167

| 120 | 以拖车作为运输工具时会有什么限制？ | 168 |

121 请说明代表性的起重机的性能⋯⋯⋯⋯⋯⋯⋯⋯⋯⋯⋯⋯⋯⋯⋯⋯⋯⋯⋯⋯ 169
122 何谓施工联合体（JV）？⋯⋯⋯⋯⋯⋯⋯⋯⋯⋯⋯⋯⋯⋯⋯⋯⋯⋯⋯⋯⋯ 170

11 成本控制　　　　　　　　　　　　　　　　　　　　　　　　　171

123 建筑工程造价的估算内容有哪些？⋯⋯⋯⋯⋯⋯⋯⋯⋯⋯⋯⋯⋯⋯⋯⋯ 172
124 何谓实施预算？⋯⋯⋯⋯⋯⋯⋯⋯⋯⋯⋯⋯⋯⋯⋯⋯⋯⋯⋯⋯⋯⋯⋯⋯ 174
125 请问在进行钢筋混凝土构造物的造价估算时，需要哪些与钢筋、
　　 模板等有关的数据及定额？⋯⋯⋯⋯⋯⋯⋯⋯⋯⋯⋯⋯⋯⋯⋯⋯⋯⋯⋯ 175

12 品质管理　　　　　　　　　　　　　　　　　　　　　　　　　179

126 现场使用的检查工具有哪些？⋯⋯⋯⋯⋯⋯⋯⋯⋯⋯⋯⋯⋯⋯⋯⋯⋯⋯ 180
127 请说明钢筋混凝土工程的品质管理与 JASS 5 的关系⋯⋯⋯⋯⋯⋯⋯⋯ 181
128 与建筑工程有关的品质管理的重点是什么？⋯⋯⋯⋯⋯⋯⋯⋯⋯⋯⋯⋯ 188
129 与建筑工程有关的品质标准是什么？⋯⋯⋯⋯⋯⋯⋯⋯⋯⋯⋯⋯⋯⋯⋯ 189
130 现场的品质、施工管理的组织、体制应如何建立？⋯⋯⋯⋯⋯⋯⋯⋯⋯ 190
131 请说明品质管理的用语⋯⋯⋯⋯⋯⋯⋯⋯⋯⋯⋯⋯⋯⋯⋯⋯⋯⋯⋯⋯⋯ 191
132 请说明瑕疵担保责任的相关事宜⋯⋯⋯⋯⋯⋯⋯⋯⋯⋯⋯⋯⋯⋯⋯⋯⋯ 194

13 安全管理　　　　　　　　　　　　　　　　　　　　　　　　　195

133 在施工现场有哪些安全活动要实施？⋯⋯⋯⋯⋯⋯⋯⋯⋯⋯⋯⋯⋯⋯⋯ 196
134 请说明在现场使用的保护用具（安全带、安全帽等）
　　 的种类及相关法规⋯⋯⋯⋯⋯⋯⋯⋯⋯⋯⋯⋯⋯⋯⋯⋯⋯⋯⋯⋯⋯⋯⋯ 197
135 就安全管理而言，选择各工种负责人时应依据哪些规定？⋯⋯⋯⋯⋯⋯ 199
136 为贯彻安全卫生教育，有哪些特别教育要实施？⋯⋯⋯⋯⋯⋯⋯⋯⋯⋯ 200
137 请说明施工现场的火灾管理重点⋯⋯⋯⋯⋯⋯⋯⋯⋯⋯⋯⋯⋯⋯⋯⋯⋯ 201
138 施工中应举办哪些对施工安全有帮助的具体的日常安全活动？⋯⋯⋯⋯ 202
139 请说明重机械设备管理的相关规定⋯⋯⋯⋯⋯⋯⋯⋯⋯⋯⋯⋯⋯⋯⋯⋯ 203
140 用于吊钩作业的钢索的检查要点是什么？⋯⋯⋯⋯⋯⋯⋯⋯⋯⋯⋯⋯⋯ 206

141 请说明劳动安全卫生法中与安全有关的管理项目及重点 ⋯⋯⋯⋯⋯⋯ 207
142 请说明表示劳动灾害发生频率的指标种类及其定义 ⋯⋯⋯⋯⋯⋯⋯⋯ 208
143 建筑工程与产业废弃物有何关连? ⋯⋯⋯⋯⋯⋯⋯⋯⋯⋯⋯⋯⋯⋯⋯ 209

14 资讯 211

144 在工地现场必备的书面资料有哪些? ⋯⋯⋯⋯⋯⋯⋯⋯⋯⋯⋯⋯⋯⋯ 212
145 有哪些杂志、报纸、技术报告等资料可以作为施工技术情报的来源? ⋯⋯ 213
146 请说明建筑物主要构成部位的模板工法的种类 ⋯⋯⋯⋯⋯⋯⋯⋯⋯⋯ 215
147 楼板施工的工法有哪些? ⋯⋯⋯⋯⋯⋯⋯⋯⋯⋯⋯⋯⋯⋯⋯⋯⋯⋯ 216
148 请说明与集合住宅有关的各种工法的技术开发的历史变迁 ⋯⋯⋯⋯⋯ 217

引用文献 ⋯⋯⋯⋯⋯⋯⋯⋯⋯⋯⋯⋯⋯⋯⋯⋯⋯⋯⋯⋯⋯⋯⋯⋯⋯⋯⋯ 219
参考文献 ⋯⋯⋯⋯⋯⋯⋯⋯⋯⋯⋯⋯⋯⋯⋯⋯⋯⋯⋯⋯⋯⋯⋯⋯⋯⋯⋯ 220

准备阶段

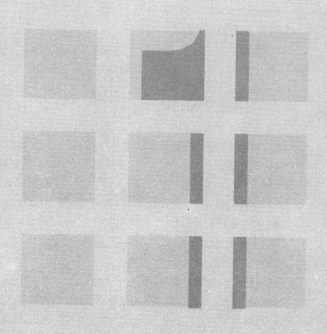

001 请对规范中常会被提到的 JASS 加以说明

1. JASS 的概要

JASS 是 Japanese Architectural Standard Specification 的简称。也就是日本建筑学会的《建筑工程标准规范·编制说明》,是对建筑工程施工的一种规范,例如 JASS 6 即是钢结构工程的规范。

2. 在现场使用频度较高的 JASS 规定有哪些?

由下列所汇整的常用的 JASS 规范中可以看出,JASS 规定中使用频度较高的大多与结构体工程有关。尤其是在 RC 结构体的施工管理的场合,下述的(3)JASS 5 是不可或缺的规范。

(1)JASS 3:土方工程与挡土工程
(2)JASS 4:地基与基础底板工程
(3)JASS 5:钢筋混凝土工程
(4)JASS 6:钢结构工程

3. JASS 5:钢筋混凝土工程的内容

本规范自 1953 年制定以来至今已经历了数次大小不等的修订,现就 1997 年 1 月版本的主要内容说明如下(以该规范的目录说明之)。

(1)总则;
(2)结构体及杆构件的性能要求;
(3)混凝土的种类及品质;
(4)混凝土材料及钢筋;
(5)配比;
(6)订货、制造及验收;
(7)运输、浇筑与振捣;
(8)养护;
(9)混凝土饰面修整;
(10)保护层厚度;
(11)钢筋的加工及绑扎;
(12)模板;
(13)品质管理及检查;
(14)冬季混凝土;
(15)夏季混凝土;
(16)轻质混凝土;
(17)流动性混凝土;
(18)高流动性混凝土;
(19)高强混凝土;
(20)预应力混凝土;
(21)预制混凝土;
(22)大体积混凝土;
(23)水密性混凝土;
(24)受海水作用的混凝土;
(25)水下混凝土;
(26)受冻融作用的混凝土;
(27)防射线混凝土;
(28)素混凝土;
(29)简易混凝土;
(30)特别说明

002 请问施工计划书的目的与内容为何？

1. 施工计划书的目的

施工计划书是以设计文件为基础，依各工程、不同工种对使用材料、施工机械性能、施工准备与施工方法、装修完成面精度等的品质及养护等内容进行安排，并将具体的方法与内容加以记述说明的一个计划资料。施工计划书应向监理单位提出并需获得监理单位的认可。工程负责人务必要对设计文件的内容予以充分的理解，方能拟定施工计划书并据以施工。

2. 施工计划书的内容

（1）工程进度表：总进度表，月工程进度表等。

（2）临时工程：临时构造物、临时设备、临时用电力及给排水设备、临时用围篱、外部脚手架、起重设备、临时计划图、安全对策等。

（3）土方工程：挡土、开挖作业、支撑、排水等计划及其安全对策。

（4）结构体工程：钢结构工程（安装计划，加工生产计划），混凝土工程（浇筑计划），桩基工程，模板工程，钢筋工程，安全对策等。

（5）装修工程。

3. 施工计划的具体例子（以混凝土工程为例）

（1）预制混凝土工厂：由工厂到现场的运输路线、时间及工厂的资格

（2）混凝土的调配：配比试验计划

（3）混凝土的试验：试验种类、试件的数量

（4）混凝土的浇筑作业

（5）混凝土的浇筑区划、场所、浇灌量

（6）混凝土的浇筑机械、设备、种类与效率

（7）混凝土浇筑作业的劳务计划：工种、人数、配置

（8）混凝土的养护：方法、时间等

（9）混凝土的施工品质：精度

（10）安全对策

☆参照第 116 项

003 请说明施工要领书的目的及其制作要点

1. 施工要领书的目的与方法

（1）施工要领书是专业承包商以营造厂（总包商）的施工计划书为基础，对其所负责的工程就如何进行施工以达成施工计划书的目标加以具体表述的一种资料。

（2）施工要领书是由专业承包商与营造厂双方互相协商拟定而由专业承包商制作完成。

（3）施工要领书应依各工程分别撰写制作。

2. 施工要领书制作上的重点（表1）

施工要领书制作上应注意与应检查的事项　　　　　表1

	记述上的注意要点（重点）	具体的记述项目
封面	●不需有记述营造厂（主承商）、设计者等的栏位	●工程名称、工种名称、制作年月日、专业小包名称
目次	●不需要详细的记述	
总则	●此部分是对施工要领书体裁的一个整理，因此基于效率上的考虑有时也要把好的部分予以省略	[记述的场合] ●作业人员的教育训练（协商、研讨会）
工程概要	●主要记述内容是加以整理过的施工要领书的体裁，因此施工计划书中所记述的部分有些并不在此予以纳入	[记述的场合] ●工程名称 ●工程场所 ●业主 ●监理单位 ●施工单位 ●工程范围 （总建筑面积等）
要求品质	●施工计划书所记述的内容在此加以简洁扼要的整理	
要求事项限制条件	●与"要求品质"项相同	
工法的检查、选定	●记述到工法选定为止的经过及检查的结果	●工法采用的目的 ●工法选定的理由
管理体制等的组织表	●记载专业小包的组织表，主要是表达主承商（营造厂）与专业小包之间在施工中如何能很方便快捷地联络（主承商的组织表记载在施工计划书中）	
专业工程日程计划（表）	●依据施工计划书的工种进度中该专业工种进度的开始点与完成点工期加以编制详细的计划与进度（细网图）	●人员配置计划 ●机械设备计划 ●作业顺序与绘制细网图（详细进度表）

1 准备阶段

续表

	记述上的注意要点（重点）	具体的记述项目
使用材料	• 由专业承包商供给材料时应加以记述，但若材料由主承商（营造厂）供给时，应于施工计划书上记载	• 品质证明书 （必要时应提供）
制作	• 在工厂制作时（钢结构、铝门窗、石材等）本项为施工要领书内容的中心 • 本项也具有对主承商的品质保证的意味	• 制作工程图 • 各制作工程的说明
工厂检查	• 主要说明执行工厂自主检查的内容，若自主检查的体制得以建立时，主承商的进货检查即可简化或省略	• 制品检查 • 出厂检查
搬入现场、现场内搬运	• 记载与搬入现场、现场内搬运有关的事项，也有时按处理办法不同可予省略	• 捆装、包装的外形 • 搬入现场的路径 • 卸货的方法 • 分类原则 • 保管场所与注意事项 • 现场内小搬运、移动的方法
现场施工	• 主要内容为记载专业小包如何有序地作业，因此不拘记述的形式，但应避免抄袭	• 施工顺序，方法，重点
整顿、清扫、养护	• 一般的施工要领书常遗漏此项	
安全事项	• 应避免抄袭安全标准的规定，尽量以图表来表达	

004 施工图与施工计划文件的内容有哪些?

1. 施工图的概念

施工图是将要施工对象的结构和装修要求绘制成施工用的图面或绘成的足尺图的总称。也有将临时设备相关的对象所绘制成的施工计划图也包括在内。为了要与施工计划图有所区别,在此将施工图定义为以所兴建的建筑物为直接对象所绘制的施工用图而称之为施工图。

2. 施工图的种类与举例(表1)

表1中将施工计划文件予以列出以供参考。

施工图以及施工计划文件内容　　　　　　　　表1

施工图			施工计划文件		
	工程名称	图面名称		工程名称	内容
结构体工程	钢结构工程	• 钢结构构架立面图 • 钢结构构架平面图 • 钢结构柱、梁大样图 • 锚栓方案(平面图)	施工计划图	临时设备计划图	临时设备的配置、临时电力、给排水的配线配管
				放样作业计划图	标准点的位置、标准线的位置
	钢筋混凝土工程	• 结构体(混凝土) • 钢筋大样图(钢筋加工绑扎图) • 模板大样图(模板加工拼装图)		桩基作业计划图	打桩顺序、打桩机的配置
				开挖作业计划图	开挖顺序、机械的配置、土方搬出路线的计划
装修工程	粉刷工程	• 勾缝分割计划图 • 特殊部位收头以及足尺图		挡土作业计划图	挡土工法、作业顺序、土压测定方法、挡土措施拆除的方法等
	PC、ALC工程	• PC、ALC板分割设计图 • PC、ALC板大样及足尺图		起重作业计划图	起重机械的配置、作业半径、起重机的架设与解体计划
	石材工程	• 石材分割计划图、足尺图 • 大样图(各部位收头及安装大样)		钢结构安装作业计划图	安装顺序、构件搬入的方法、精度的检查
	瓷砖工程	• 勾缝分割计划图 • 大样图(收头) • 收头瓷砖统计表		模板作业计划图	模板工法、脚手架计划、转用计划
	木作工程(木结构工程)	• 骨架立面图、楼板大样图 • 收头大样图 • 足尺图		混凝土浇筑计划图	混凝土浇筑顺序、泵车配管方法、泵车的配置(含预拌混凝土车)
				装修计划图	脚手架、搬运方法、作业顺序、建材临时存置方法、养护等
	金属安装工程	• 五金构件制作图 • 足尺图 • 平顶、墙壁、金属板分割计划及详细图 • 平顶、墙壁、钢制底材分割设计图		设备施工计划图	设备机具搬运方法、设备机具临时存置方法、作业顺序等
	金属(钢制)门窗工程	• 门窗配置图、大样图 • 门窗足尺图	施工计划书	各工程共通事项	• 作业的品质、数量 • 施工条件(场所、季节、工期、邻房、交通等) • 工法(施工机械、临时结构等) • 工程计划,作业计划(工区的划分、作业小组的编成等) • 安全卫生对策 • 检查、查核方法 • 记录方法(检查、查核记录,工程进度的记录,照相等) • 其他
	木制门窗工程	同上			
	内装工程	• 顶棚分割设计图 • 墙壁、地板分割设计图			
	其他	• 雨檐收头详图 • 特殊部位详细图			

005 请说明有关混凝土工程结构体施工图的绘制要领

混凝土工程的结构体施工图绘制时应检查的项目概要如表1所示。

绘制混凝土工程的结构体施工图时的检查项目　　　　　表1

检查项目	具体内容
与设计文件的对照	标准尺寸（X、Y向），各柱柱心标准线（通心），墙心，地面起算的高程，墙厚、间隔墙墙厚，结构体剖面，层高，楼板高低差，楼板厚度，斜率等
与设备文件的对照	各种机械设备及其施工空间（间隔墙位置，开口部的位置、尺寸，平顶高度等），建筑标准法、消防法等法规上的问题与机能上的问题等
开口部施工性的检查	窗框，卷帘门，门，幕墙等开口部尺寸（包括施工空间）等
防水收头检查	油毡防水上的收头，结构体开口尺寸，结构体装修的防水收头等
装修材料的检查	粉刷，喷涂材，石材，瓷砖等的收头，余裕空间尺寸等的检查
与设备机械的安装、配管有关的检查	设备机器的安装以及预埋器具、配管用套管的位置、支承配管用的支撑、预埋五金、配管的收头与位置等的检查
设备用开口、空间的检查	电梯、升降机等的管道间及机坑的尺寸，电梯用吊钩，自动扶梯的开口尺寸，各种管道间等的检查
勾缝压条的检查	分割设计及尺寸的检查
预埋用的器具、螺栓等的检查	检查木楔（块）、预埋件、螺栓等的尺寸、位置
落水管、穿梁用套管等的检查	落水管、各种穿梁用套管等的位置、尺寸（平面、立面、剖面等均应详细记入）
机械基础等的检查	高架水槽、电梯、其他（广告招牌等）的基础位置、尺寸
临时用开口部的检查	搬出材料、搬出重机械使用的预留孔位置、尺寸
其他项目的检查	混凝土厚度需增加部位的检查，诱导裂缝用的引导性勾缝位置、人孔、临时脚手架用的补强埋设物、烟囱、垃圾滑槽、斜坡道等的位置与尺寸

006 临时工程包括哪些项目？

通常临时工程分成共同临时与直接临时工程，其具体的项目如表1所示。

临时工程的种类与概要　　　　　　　表1

分类	种 类	概 要
共同临时设施	临时用建筑物	现场工务所、监造人员用事务所、宿舍、厕所、变电室、仓库、警卫室、会议室、休息室等
	临时围墙	临时用围墙、大门、工程标示牌、执照标示牌、标志、告示牌
	材料存置场	钢材、粗骨料、水泥、木材、装饰用材料、加工品、一般临时机器存置场等
	材料搬运、起重设备	场内运输路线、作业用安全通路、构台、栈台、起重机器的设置，简易升降设备设置，塔吊设置，塔吊解体用辅助起重机的设置，设备机械的起重及其搬入用开口的设定等
	杂项设备	场内通路的准备、垃圾滑槽、货架防止危险物掉落的装置、洗车场等
	基地周边地下埋设物的移设与养护	电力、电信电话、自来水、燃气、污水等的配管与配线，人孔、电缆坑
	占用以及借地的措施	公有道路、河川空间的占用，道路延伸、铲除的申请，道路、侧沟、缘石的复旧，借地所要求的自然条件及安全对策
	公共设施的迁移与复旧	车站、安全地带、公共电话、停车场、行道树、路灯、消防栓、电线杆、各种标志等迁移与复旧的申请
	临时给排水	各工区临时给排水的申请与设置，水槽与扬水泵计划，洗车台、装修用水量的确保，消防用给水、排水管路，放流准备等措施
	临时动力、电力、通信	使用机械的动力、电灯设备的申请，配线配管计划，电力输入前自行发电的考虑，电话交换机，电铃，信号装置，扩音器，无线电收发两用机，工业用电视等的设置
	排水	排入公共排水沟前的沉淀设备
	暴风雨	暴风雨时使用器材的准备及对应组织的编成
	意外事故的处理对策	确保各不同工程条件情况下所需的紧急用材并编组对应的组织
	安全管理	安全管理机构的设立，各工程作业负责人及作业主管的呈报体制，火药、易燃油类等危险物品的保管处理及其场所的设定，防火管理，动力作业负责人的指定，消防设备的设置
直接与施工有关的临时设施	脚手架、构台、栈桥	外部脚手架、内部脚手架、钢筋模板作业用施工架，浇灌混凝土用的工作台（施工架）、栈桥、钢结构安装用构台以及吊脚手与大厅共用空间等的特殊支架
	养护	外部脚手架养护、邻房防护
	开挖、挡土、支撑措施的关系	开挖机械的选定、废土搬出用构台的设置、与废土运弃有关的交通整理（其他项目按土方工程处理）
	与混凝土作业有关的临时措施	混凝土浇灌用设备，预拌混凝土车进入动线、停车位置、泵车位置的规划，压送管的配置及其安全对策，浇灌混凝土用的工作台的设置等
	与钢筋模板作业有关的临时措施	模板材料存置场的设置、放置模板用机材的场所与管理场所的设置，收集模板废料、整理模板场所的设定，长钢筋放置场地的设置，材料加工场（棚）、加工机械的设置场、动力、加工完成材料存置场的设定，箍（肋）筋成品存置场的设置，起重设备、绑扎（钢筋、模板用）脚手架的配合措施，各种养护措施或棚架类的准备，场内小搬运、搬运用重机类必要性的检查
	与钢结构有关的临时措施	安装用设备，搬入路径的规划，栈桥的设置，支保设施，安装用机械的安装，固定牵索用钩环的设置，防止火花飞散用的防护设备，防风对策用措施

007 请说明外部脚手架的形式与规定

脚手架的种类很多，通常采用的以单管组合脚手架与框式钢管脚手架居多。兹将此两种加以说明如表1所示。

外部脚手架的种类与规定　　　　　　　　　　　表1

项目＼种类	单管组合脚手架	框式钢管脚手架
垂直构件的间隔	● 纵向：1.85m 以下 ● 横向：1.5m 以下 ● 由最高部往下算起超过31m部分的垂直构件应以两根为一组	高度超过20m的场合以及作业中有承载物时 ● 主（垂直）框架高度：2m 以下 ● 主（垂直）框架的间隔：1.85m 以下
自地面起第一横杆的高度	2.0m 以下	
防止垂直构件底部滑动或下陷的措施	底座五金、脚轮附煞车、底板、角材	同左
接头部	以制式五金紧结	同左
接头部、交叉部	以制式五金紧结	同左
补强	设置斜撑	同左
与壁体之间的系件	● 垂直方向：5m 以下 ● 水平方向：5.5m 以下	除了高度未满5m者以外 ● 垂直方向：9m 以下 ● 水平方向：8m 以上
连墙拉撑与受压件的间距	1.0m 以下	同左
垂直构件间的承载荷重（需标示于脚手架上）	400kg 以下	—
水平构件	—	最上层以及每5层设置一道
作业用踏（铺）板	● 宽：400mm 以上，间隔空隙：30mm 以下 ● 为防止倒转、移位、脱落，每块踏板应有两个以上的紧结固定处	
防止坠落	应设置高度为750mm 以上的扶手	

008 框式钢管脚手架是什么？

1. 框式钢管脚手架

框式钢管脚手架是目前广为使用的一种脚手架，它是以固定形态的钢管所制成，在现场以特殊的附属制式五金件拼装而成。有关脚手架的材料、构造、拼装等作业在日本的劳动安全卫生规则中均有所规定。

2. 框式钢管脚手架的构成

框式钢管脚手架的拼装顺序如下述（参照图1）

（1）设置基座

（2）将并列的两个立框套入基座

（3）安装锁臂以拉紧立框

（4）于立框间架设斜撑

（5）架设横杆

（6）利用连接插销使上下的框式钢管脚手架单元固结在一起，此时上下的框式钢管脚手架也将锁臂架设妥当。

3. 框式钢管脚手架的用途

一般就作业的安全性而言，框式钢管脚手架常用来铺设踏板供作为施工用（图2）。这种情形尤其是以作为外部装修工程用的外部脚手架居多。

有时也被用来作为构成特殊用途的模板的支撑措施用。

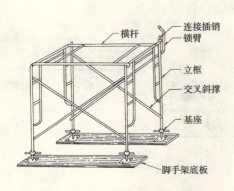

图1 框式钢管脚手架的构成

图2 框式钢管脚手架

009 如何验算框式钢管脚手架的安全性？

1. 框式钢管脚手架拼装的基本原则

（1）框式钢管脚手架的高度应在45m以下

（2）最上层以及每5层以内应安装横杆、钢制横板等的水平构件

（3）连接墙壁的系固件设置的间隔，垂直方向9m，水平方向为8m

（4）立框间的极限承载荷重为400kg（均布荷重的场合）或800kg（集中荷重的场合）

（5）立框的每根脚管的容许荷重为700kg，但脚部若立在坚固的混凝土等基础上时，其容许荷重可达到2500kg

2. 计算立框每根脚管的垂直荷重（图1）

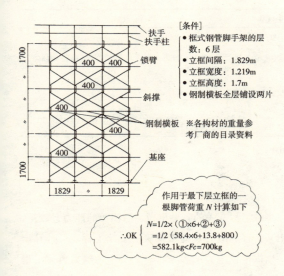

[条件]
框式钢管脚手架的层数：6层
立框间隔：1.829m
立框宽度：1.219m
立框高度：1.7m
钢制横板全层铺设两片
※各构材的重量参考厂商的目录资料

作用于最下层立框的一根脚管荷重N计算如下

$N=1/2×(①×6+②+③)$
$=1/2(58.4×6+13.8+800)$
$=582.1\text{kg}<Fc=700\text{kg}$
∴OK

1. 固定荷重的计算

（1）立框一层一个跨度的荷重

名称	数量	重量（kg）
立框（A-4005B）	1	15.6
斜撑（A-14）	2	4.2×2=8.4
钢制横板（SKN-6）	2	16.2×2=32.4
连结用插销（A-20）	2	0.6×2=1.2
锁臂（A-127A）	2	0.4×2=0.8
合计		①-58.4kg

（2）最上部扶手的荷重

名称	数量	重量（kg）
扶手柱（A-25）	2	2.3×2=4.6
扶手（A-31S）	4	2.3×4=9.2
合计		②-13.8kg

2. 承载荷重的设定

假设一个立框间的最大承载荷重为同时承受有两层的均布荷重，此时其最大承载荷重为：

400kg×2=800kg-③

图1 框式钢管脚手架的荷重算例

010 请问临时电气设备计划上的重点

1. **以不同类别工程电力使用机器区分的统计归纳**
   （1）照明
   （2）工务所、办公室（电灯、影印机、通风扇、泵、空调机器等的插座）
   （3）动力设备（水泵、水泥砂浆搅拌机、起重设备等）
   （4）焊接机

2. **电力负荷的计算**
   计算电力的负荷时可由 1 之（1）~（4）所列出的设备来计算，但计算时的总设备容量并不需以各设备所需的电力来计，而是采用如表 1 所示的需要率来计。

需要率（引用文献1） 表1

	数量	需要率（%）	备注
电焊机	1 台	100	进行 PC 预制构件的安装工程时使用率较高，因此宜采用 90% 之值
	2~3 台	70~90	
	4~9 台	50~70	
一般马达类		40~60	
电灯插座		75~100	

注：需要率 = $\dfrac{最大需要电力（kW）}{设备总容量（kW）} \times 100\%$

3. **电力负荷工程表的制作**
   以 1 及 2 作业的内容为依据，将各工程有关的各种机械、照明等的能力、数量、电力负荷值以工程表的方式表达出来，称为电力负荷工程表。由此工程表可计算出下面表中的电力负荷统计柱状表，以供申请电力的参考。表 2 所示为电力负荷工程表的一例。

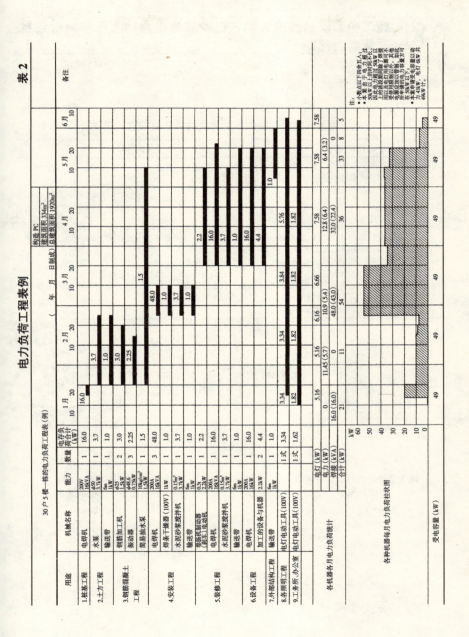

011 施工中重型机械或车辆在已完成的结构体上作业时应注意的重点为何？

见表1及图1、图2。

车辆、重型机械开到结构体上作业的场合应注意的事项　　表1

	基本的检查事项	具体的对策
设计·计划阶段	● 检查可以抵抗龟裂的弯矩，借以计算其截面的大小以达到强固结构体或楼板等的目的	增大断面或提高f_c。通常具体的措施有增加钢筋量、增加楼板的厚度等
施工阶段	● 要确实掌握施工车辆的行走路线、作业状态并正确求出其荷重 ● 作业时应采取可直接将力量传布到大梁的状态下施工 ● 对大梁、小梁、楼板应拟定补强计划，以防止车辆、重型机械等在作业或移动时产生的荷重造成破坏	● 为确保安全，对于车辆及重型机械应尽可能选定重量较轻者 ● 架设临时大梁等 ● 应以钢板或路面临时铺板铺设于楼板上 ● 梁下应设置支柱，此种补强柱可选用断面较大的H型钢或方形钢作支柱

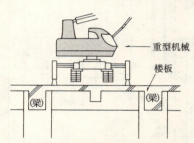

图1　重型机械直接在楼板上作业的图示

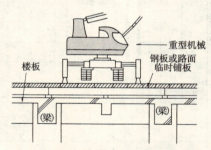

图2　重型机械作业于楼板上时铺设钢板或路面临时铺板的图示

012 地基改良有哪些工法？

见表1。

地基改良工法例　　　　　　　　表1

工种	工法	地质条件	适宜深度
夯实	振浮压实工法 振动压入砂桩法	砂 砂土、粉土	浅土层（最大8m） 浅土层（最大15m）
排水	集水坑 西门子式井点工法 深水井 排水砂桩 井点 真空纸板排水 电力渗透法	粗砂、砂砾 中、粗砂 中、粗砂 粉土 细砂、粉土 粉土、黏土 粉土、黏土	浅土层 深土层
固结	注入水泥浆 硅化法 合成树脂注入法 铝电极法 电力聚合法	砂>0.6mm 砂>0.1mm 砂>0.05mm 黏土，粉土 黏土，粉土	
搅拌	黏度调整法 水泥拌合土工法 药剂混合	砂，黏土，粉土 砂，黏土，粉土 砂，黏土，粉土	表层 表层 表层
置换	砂垫层 砂砾垫层		

图1　地基改良用药剂

图2　混合药剂的地基改良工法

013 开工时有哪些必要的法定手续？

1. 与建筑工程申请手续有关的法律

（1）建筑标准法：新建、旧有地上物折除等建筑工程的申请，计划通知书、新建造法、新建材认可的申请

（2）都市规划法：开发许可，市街化调整地区内的建筑许可，都市计划地区内的建筑许可，风景地区建筑等的限制

（3）与干线道路沿线的准备有关的法律

（4）土地规划整理法

（5）规定宅地造成等的法律

（6）与防止急陡斜坡的坍塌灾害有关的法律

（7）与防止滑坡有关的法律

（8）屋外广告物法

（9）与首都圈既成街道地域限制工业开发有关的法律

（10）与近畿圈既成街道地域限制工业开发有关的法律

（11）与流通业务市区街道的准备有关的法律

（12）历史文物保护法

（13）自然公园法

（14）首都圈近郊绿地保全法

（15）自然环境保全法

（16）都市绿地保全法

（17）道路法：道路的占用，道路的改造，道路的开挖

（18）道路交通法：道路的使用

（19）河川法：河川的利用

（20）森林法

（21）农地法

（22）自来水法

（23）电波法

（24）航空法

（25）与古都的历史风貌保存有关的特别措施法

（26）消防法：消防用设备等的开工申请，防火建筑物的使用（变更）申请，

与使用火的设备的设置有关的申请，有碍消防活动物资的储藏、使用的申请，与防火管理有关的诸项申请。

2. 与施工管理有关的申请手续

（1）建筑标准法：建筑物的拆除，工程现场防止危险的义务事项，建筑工程的临时设备工程

（2）建筑业法：主任技术者的选任

（3）不动产登记法：建筑物的灭失登记，与公有地地界的确认

（4）国有财产法：与公有地地界的确认

（5）民法：与邻地地界的确认

（6）噪声管制法、振动管制法：因工程施工而产生的噪声与振动的管制

（7）火药类的取缔法：火药使用的管制

（8）消防法：需为防火构造的工程用临时建筑物、其他工程用临时建筑物的消防设备的规定与报批

（9）电力事业法：工程用临时建筑用电的申请

（10）自来水法、下水道法：工程用临时建筑物的上下水道的申请

3. 与劳动安全有关的规划

（1）劳动标准法：劳动标准法施行细则，妇女、年少者劳动标准规则，事业机构附设宿舍规程，建筑业附设宿舍规程

（2）劳动安全卫生法：劳动安全卫生法施行令及其规则，锅炉以及压力容器安全规则，起重机等安全规则

（3）尘肺法：尘肺法施行细则

（4）与保险有关的规则：劳动者灾害补偿保险法及其施行令，雇用保险法及其施行令与规则，劳动保险的保险费征收等相关法律

（5）其他：职业保障法，紧急失业对策法，与改善建设劳动者的雇用有关的法律，与确保融资付款有关的法律，雇用身体残障者促进法，与促进中高龄者等的雇用有关的特别措施法等

014 起重机、升降机的设置与使用有哪些相关法规？

见表1。

与起重机等的设置、操作有关的相关法规（起重机等的安全规则） 表1

种类 项目	起重机		移动式起重机		电梯		建设用升降机		参考事项
	起吊重量		起吊重量		活荷重		导轨高度		
	3t以上	3t未满	3t以上	3t未满	1t以上	1t未满	18m以上	18m未满	
起重机的设置申请	第5条				第140条		第174条		起重机的设置申请（样式第2号），电梯的设置申请（样式第26号），建设用升降机的设置申请（样式第30号）应向所辖劳动标准监督署长提出
起重机的设置报告书		第11条	第61条 提出移动式起重机明细内容与移动式起重机的检查证明			第145条			向所辖劳动标准监督署长提出起重机的设置报告书、移动式起重机设置报告书（样式第9号）、电梯设置报告书
完成检查	第6条				第141条		第175条		向所辖劳动标准监督署长提出起重机完成检查申请书、电梯完成检查申请书、建设用升降设备完成检查申请书（样式第4号）
变更申请	起重机的桁梁、起重臂架、动力机、刹车器等有变更时应提出申请 第44条		起重臂架、动力机、刹车器等有变更时 第85条		变更动力机、刹车等设备时 第163条		变更导轨、动力机等设备时 第197条		向所辖劳动标准监督署长提出起重机、移动式起重机、电梯、建设用升降机等的变更申请（样式第12号）
有变更时的检查	局部必要时 第45条		局部必要时 第86条		局部必要时 第164条		局部必要时 第198条		向所辖劳动标准监督署长提出起重机、移动式起重机、电梯、建设用升降机等的变更检查申请书（样式第13号）

1 准备阶段

续表

种类 项目	起重机		移动式起重机		电梯		建设用升降机		参考事项
	起吊重量		起吊重量		活荷重		导轨高度		
	3t 以上	3t 未满	3t 以上	3t 未满	1t 以上	1t 未满	18m 以上	18m 未满	
交付检查证明	第9条		第59条		第143条		第177条		
缴回检查证	第52条		第93条		第171第		第201条		向所辖劳动标准监督署长提出起重机、电梯、建筑施工用升降机的换证请书（样式第8号），向都道府县劳动标准局长提出移动式起重机换证申请（样式第22号）
特别报告书	第23条								当已超过额定荷载限制时
选任拼装、解体等的作业者	第33条 起重机的拼装与解体				第153条 设置于屋外的电梯		第191条 建筑施工用升降机的拼装与解体		
就业限制	需要有执照的操作手的场合	第22条 起重量在5t以上时（起重机的操作手需要有执照）		第68条 起重量在5t以上时（需有起重机的驾驶执照）						
	有参加挂钩技能讲习资格者	第221条 起重量在1t以上的起重机、移动式起重机的挂钩业务的场合								

建筑现场营造与施工管理

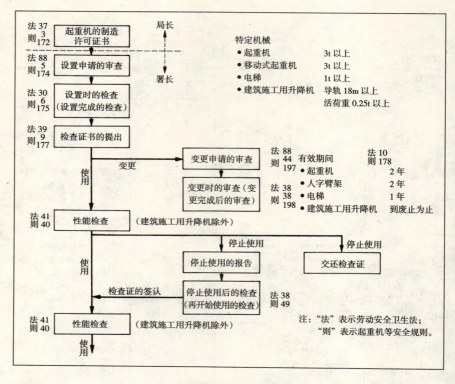

图1　起重机等的设置许可申请

015 与起重机、升降机设备的运用有关的规定内容为何？

起重机类、升降机等的各种申请及资格的规定如表1所示。

表1 使用起重机时必要的申请书及相关资格一览表

机能	起活轨道吊荷载全重量载量高	不适用情况	应提送设置报告的机种	应提出设置申请的机种	设置完成应检查的机种	拼装时的机种	作业指挥人员	有效期间	每年需自主检查的机种	每月应自主检查的机种	作业开始前应检查的机种	强风后应进行检查的机种	停用时应提出报告的机种	发生事故时应提出报告的机种	应发还检查证的机种	操作人员需具备执照的机种	操作人员需受特别教育的机种	需有挂钩资格的人员	进行挂钩作业特别教育的机种	技能讲习
起重机	0.5t 未满	○																		
	3t 未满		○						○	○	○		○	○	○		5t 未满	1t 以上	1t 未满	
	3t 以上			○	○	○	○	2年	○	○	○		○	○	○	5t 以上				5t 以上 楼板上 操作式
移动式起重机	0.5t 未满	○																		
	3t 未满		○						○	○	○		○	○	○		5t 未满	1t 以上	1t 未满	
	3t 以上					○	○	2年	○	○	○		○	○	○	5t 以上				
人字臂起重机	0.5t 未满	○																		
	2t 未满		○						○	○	○		○	○	○		5t 未满	1t 以上	1t 未满	
	2t 以上			○	○	○	○	2年	○	○	○		○	○	○	5t 以上				1～5t○
电梯	0.25t 未满	○																		
	1t 未满		○						○				○	○	○					
	1t 以上			○	○			2年	○				○	○	○					
施工升降机用	10m 未满	○															需教导操作方法的机种				
	18m 未满		×						○				○	○	○					
	18m 以上		○	○	○			卸废止为止	○				○	○	○					

注：各种工程用机械：**起重机**：塔吊悬臂起重机、简易塔吊、桅杆式起重机，**移动式起重机**：轮胎式起重机、履带式起重机、移动式悬臂起重机等，**人字臂架**：三脚人字臂，**建筑施工用升降机**：承受载重在0.25t以上。

016 请问建筑业法的修正（1988年6月施行）重点

1. 建筑业法修正的重点（与修正前的不同点）

（1）经营事业审查制度的修正：增加审查项目（审查的二元化与审查标准日的变更，审查的缴费化）

（2）建设业许可标准的修正

（3）监理工程师制度的修正：特定建筑业的工程师资格要件

2. 监理工程师，资格与工程规模

承包政府或地方公共团体所发包的公共工程转包金额在2000万日元以上（建筑工程在3000万日元以上）时，施工时必要需要有工程师资格的场合，该工程师称作"监理工程师"。

监理工程师必需要具备有国家认定的资格（一级施工管理工程师，一级建筑师，工程师）。建筑业需要具备的工程师资格的规定如表1表示。

需具备有监理工程师资格的建筑业与其工程师资格的规定　表1

指定的建筑业＼资格	一级施工管理工程师	一级建筑师	工程师
建筑工程业	○建筑	○	×
土木工程业	○土木·机械	×	○
管线构造物工程业	○管线构造	×	○
钢构造物工程业	○土木·建筑	○	○
道路工程业	○土木·机械	×	○

注：表中的技术人员若无国家资格，但具有经建设大臣认定的同等以上能力者，其资格证明可作为监理工程师的资格。

3. 监理工程师的技术检定及其试验机关（表2）

技术检定与试验机关　表2

	技术检定的种类	指定试验机关	地址	联络电话
施工管理技术人员	建筑	（财）建设业振兴基金	东京都港区虎之门1-25-5 第34森大楼	03（3502）6131
	土木及管线构造工程	（财）全国建设研修中心	东京都千代田区平河町2-26-2landing 平河町大楼	03（3230）1621
	建设机械	（社）日本建设机械化协会	东京都港区芝公园3-5-8 机械振兴会馆210号	03（3433）1501
建筑师	建筑师	（财）建筑技术普及教育中心	东京都港区赤坂6-11-1 协学生命赤坂大楼	03（3505）1831
工程师	工程师	（社）日本技术士协会 工程师试验中心	东京都港区虎之门2-8-10 第15森大楼	03（3591）7110

017 进行建筑工程时应采取哪些睦邻措施？

睦邻对策依建筑现场的环境而异，在施工计划阶段中应检查的事项有如下几种。

（1）临时围篱：确保邻房、场地地界的距离（间隔），要有防止对第三者产生危险的措施，现场的出入口应加以整理、整顿。

（2）挡土：（在选择挡土工法时应考虑）对周边地基的影响，雨水、排水等的处理。

（3）噪声、震动：选择适当的机种，采取适宜的防声、防震对策。

（4）作业时间：作业时间范围，休息日的设定

（5）安全防护措施：防止坠落物伤害到第三者的防护对策，防止脚手架倒塌的对策，防止雨水、土、砂等由施工场地内流出的对策，安全标志、广告牌的设置。

（6）与相关主管机关的关系：确认有无依噪声管制法、震动规制法等规定提出相关的申请，对使用的道路、工程用车辆进入工地的场所及其运行路线等的确认，确认是否需要提出借用道路的申请，向地下埋设物（主要为瓦斯、污水、自来水、电信缆线等）的主管机关查询相关资料，与高压线的主管单位协调、确认高压线的保护方法，对无线电法规定超出地表面 31m 以上的高层部分确认与协调应有的处理方式。

（7）投诉的处理：窗口明确化，投诉处理的记录与保管，投诉处理的对策。通常，在工程开工前应拜访附近邻房并对工程概要加以说明，与此同时，有需要邻房住户配合的措施也应一并协调。

另外，造成邻房住户抱怨的原因有些除了是上述的事项所造成的以外，有时也有因感情因素所引起。因此，建立与邻房住户之间的交情（具体而言像盂兰盆会、岁末、年初等节日的拜访寒暄）也是减少投诉的必要行为。

☆参照第 020 项

018 请说明对附近居民的说明资料及协商的内容

1. 向邻房住户说明的资料内容

（1）建筑物的概要（说明用）

①建筑物的概要与外观透视图：将建筑物的概要加以绘制成容易理解的图面。

②配置图、平面图：应将场地的概况，地界线，道路，建筑物的位置、尺寸等必要内容与尺寸绘入图面。

③立面图：应包括东、西、南、北等各向立面。

④日照影响图：应绘出冬至的上午8时至下午4时为止的阴影位置。

⑤电视讯号障碍预测图。

（2）施工计划概要（说明用）

①工程表：开工以后给邻房住户看的工程表，以月数表示较以日历表示为佳。

②施工计划图：临时围篱，脚手架，重型机械位置及其行走路径，出入口，与其他临时计划有关的图面，以及标示工程用车辆运输路径的图面。

③与工程有关的协议（约束）事项：此为业主、施工者与邻房住户之间的书面约束事宜，其内容通常是与作业时间、国定假日的施工、交通整顿、电波障碍、对邻房住宅的损伤、火灾的预防、卫生管理等有关的约定事项。

2. 与邻房协商时的准备作业

在上述资料齐备阶段，业主、设计者与施工者应针对下述事项进行协商。

（1）向邻房住户的说明方式：决定要采取个人（个别）说明或向全体住户举办说明会的方式。

（2）拜访、说明内容的整理与统一。

（3）拜访、说明者的决定与编组。

（4）拜访、说明会日期的决定。

（5）礼品（物）类的准备。

（6）其他（事前的邻房调查、情报的整理等）。

1 准备阶段

019 请说明一般工程中可能会对附近居民造成的困扰及其对策

见表1。

附近居民可能会抱怨的内容　　　　　　　表1

区　分	内容（重点）
道路的使用状况	• （占用道路）设置脚手架或临时围篱所需的申请手续是否完备。 • 交通安全（幼儿、学生、高龄者等）所需的指导人员配置是否得当。 • 有无因工程用车辆的出入而产生道路的损坏。 • 工程用车辆有无（因路边停车，大型车出入频繁等）造成邻房住户在通行上的障碍。 • 工程用车辆有无污染道路的情形发生（轮胎附着泥土，工程废弃物从车上掉落等情况）。 • 商品混凝土车，浇灌混凝土用的泵车，起重机等在道路上作业所需的申请手续是否完备。 • 其他（道路的清扫，道路下的埋设物、道路侧沟、路缘石等的保护对策等）
噪声、震动、灰尘等	• 有无完成法定的申报手续（特殊建设作业）。 • 邻房住户是否事先知道会产生噪声、震动的作业时间。又有无依照与邻房住户约定的时间施工。 • 有无完成噪声、震动的测定。 • 施工机械等的作业（设置）位置适当吗？ • 对于工区内产生灰尘、垃圾有无良好的防护对策
现场周围的安全对策	• 临时围篱的设置是否周全。 • 出入口有无配置指挥人员。 • 对邻房住户或路过的第三者有无良好的防止物体掉落的措施（防护网、漏斗形保护物等）。 • 强风时对资材或残余建材有无良好的防止飞散的措施
作业说明	• 开工前有无向邻房住户进行作业的说明（内容，使用的机械，噪声，震动等），并获得邻房住户的理解。 • 上述的内容有无予以明示出来（以广告牌等来说明工程或作业内容）。 • 事前有无分发工程表、作业日程表等资料并加以说明。 • 对邻房住户会有影响的作业（例如因沥青油毡、防水或喷涂施工所产生的臭气等影响的作业），有无在事前与邻房联络或说明
其　他	• 邻房住户是否知道抱怨申诉的窗口负责人。 • 有没有致力于加强与邻房住户的交流（如访问邻房住户，参加工地附近的活动、拜会、祭典等）。 • 有延长施工作业的时间时务必要告知邻房住户并取得谅解。 • 对作业员有无彻底进行教育（风纪，态度，措词，表达态度等）。 • 对现场内的卫生管理、整理、整顿，火灾预防等作业有无加以留意。 • 邻房建筑受到损坏时有无拟妥协议或实施（道歉、保障等）的对策。 • 有无进行调查电波接收状况的变化

020 现场负责人对造成附近居民困扰的处理重点为何？

1. 选任处理投诉的窗口负责人

即使有充分拟妥对相邻住宅投诉的对策，但实际上投诉的状况仍然会层出不穷。欲顺利处理此种相邻住宅的抱怨，首先需注意以下数点，并预先确定窗口负责人才可使相邻住宅感觉出有处理投诉的诚意。

（1）避免对相邻住宅的回复模棱两可。
（2）措词应恭敬有礼貌。
（3）不可因忙碌而延误对相邻住宅抱怨的处理。
（4）应对抱怨的内容加以充分地理解。

2. 要将投诉的处理整理成册

通常投诉都以电话申诉居多，因此在确认其内容及处理状况后应将其专门予以登记并整理成册。这样对以后拟定处理抱怨对策有很好的帮助。记录方式如图 1 之参考例所示。

抱怨的受理					抱怨的处理			
月/日 时刻	抱怨申诉者		内容	受理者	月/日 时刻	处理内容	接待人员	确认
	姓名	联络电话(TEL)						
3/25 10:00	○○先生	(△△△) ○○○○	出入车辆上的土方掉落在家门口，污染了道路	黑田	3/25 10:10 ~ 10:30	派员将道路清扫干净（并已向○○先生报告处理结果）	黑田	△△

图 1　处理报怨事件记录册的参考例

☆参照第 017 项

021 请说明工程开工前对现场周围交通对策应有的内容

1. 道路的宽度与车辆宽度的关系（表1）

道路的宽度与车辆宽度的关系（引用文献3）　　表1

道路的区分		可通行车辆的宽度	供2.5m宽车辆通行所需的宽度		供2m宽车辆通行所需的宽度		供1.7m宽车辆通行所需的宽度		供1.3m宽车辆通行所需的宽度	
			最小车道宽度	最小道路总宽	最小车道宽度	最小道路总宽	最小车道宽度	最小道路总宽	最小车道宽度	最小道路总宽
都市计划区域内的道路（第5条）	一般市区街道道路	A 通常的道路	不可超过（车道宽−0.5m)/2	5.5m	6.5m	4.5m	5.5m	3.9m	4.9m	3.1m	4.1m
		B 少数市区街道区域内指定的道路或单行道	不可超过（车道宽−0.5m）	3.0m	4.0m	2.5m	3.5m	2.2m	3.2m	1.8m	2.8m
	步行者多但无人行道的站前、繁华的街道	C 通常的道路	不可超过（车道宽−1.5m)/2	6.5m	7.5m	5.5m	6.5m	4.9m	5.9m	4.1m	5.1m
		D 少数市区街道区域内指定的道路或单行道	不可超过（车道宽−1m）	3.5m	4.5m	3.0m	4.0m	2.7m	3.7m	2.3m	3.3m
都市计划区域外的道路（第6条）		E 通常的道路	不可超过（车道宽/2）	5.0m	6.0m	4.0m	5.0m	3.4m	4.4m	2.6m	3.6m
		F 单行道或每约300m以内的区间设有缓冲（避难）空间的道路	不可超过（车道宽−0.5m）	3.0m	4.0m	2.5m	3.5m	2.2m	3.2m	1.8m	2.8m
		G 市区街道区域内极少的指定道路	不可超过车道的宽度	2.5m	3.5m	2.0m	3.0m	1.7m	2.7m	1.3m	2.3m

注：（　）内所示为法令的条文编号。

2. 一般的交通规则

（1）单行道

（2）禁止右转

（3）禁止大型车辆进入

（4）学校区域

（5）禁止停车

（6）禁止暂停

对以上情况必须事前就进行调查了解。另外,对有这些交通限制的工程现场必须与所在地的警察署进行充分协商。办理不同条件下的相关手续,工程中也有可能暂时解除限制的。

3. 车辆的限制（依车辆限制令第3条规定）（表2）

车辆限制令各种限制（最高限度值） 表2

车辆宽度	车辆重量			车辆高度	车辆长度	最小回转半径（以车辆的最外侧轨迹计）
	总重量	轴重	轮荷重			
2.5m	20t	10t	5t	3.8m	12m	12m

☆参照第120项

022 从开工起到竣工止，建筑工程有哪些仪式要在现场举行？

1. 与建筑工程有关的仪式

（1）奠基典礼：在工程开始之前举行

（2）开工典礼：在工程开始时进行

（3）立柱典礼：在开始立柱时举行

（4）上梁典礼：于上梁时（S. C. 构造的钢结构安装完成时或 R. C. 构造的结构体混凝土浇筑完成时）举行

（5）奠基典礼：在装修工程开始前后举行

（6）除秽典礼：在建筑物完成时举行

（7）竣工典礼：在建筑物竣工并将开始使用时举行

（8）落成典礼：在竣工典礼完成后举行

（9）竣工发表会：在落成典礼完成后举行

2. 祭典的目的与方法

祭典的目的在祈求工程能顺利进行，并祈求建筑物能坚固耐久、公司能生意兴隆；同时也希望借此能协调好与工程有关的各单位的气氛，而创造出各相关单位要努力把工程做好的契机。这些祭典的种类与内容的采用，因业主及地区性的习惯的不同而有所差异。常采用的祭典组合如下。

（1）动土典礼+上梁典礼+竣工典礼（也有以简单的竣工发表会取代竣工典礼）

（2）动土典礼+上梁典礼+落成典礼（也有以简单的竣工发表会取代落成典礼）

（3）开工典礼+上梁典礼+竣工典礼（也有以简单的竣工发表会取代竣工典礼）

（4）开工典礼+上梁典礼+落成典礼（也有以简单的竣工发表会取代落成典礼）

3. 其他的典礼

工程上的祭典会因建筑物的种类、规模及工程的种类而有所不同。除了上述介绍的仪式典礼之外尚有：①点（动）火典礼；②点（开）灯典礼；③揭幕典礼等。

4. 仪式的进行及其程序

仪式的内容虽因典礼的种类而有所不同，但其程序则几乎相同。

在进入举行仪式场所之前应先以洗手水将手洗干净后，经主办单位引导顺次进入举行仪式场所内。仪式进行的顺序如下所述：

- 致开幕词……告知仪式开始
- 除秽……诵除秽词，并以杨桐树枝向参加者挥动

- 降神……奏上降神词，以奉祀招来之神
- 上供……奉上供品。一般以打开敬神用酒的盖子取代此动作
- 祈祷……祈祷感谢诸神等谢语
- 仪式……因祭典种类的不同而有动土仪式，除秽仪式，动火仪式，剪彩仪式等
- 祈愿……主祭者，陪祭者或业主代表执玉串（系有纸片的杨桐树枝）礼拜并祈愿
- 撤供……将供品撤离并将敬神酒的盖子盖上
- 闭幕词……宣告仪式结束

典礼完成后即举办分食祭祀用酒肉供品的宴会，以消除典礼严肃的气氛，并期能借由神的庇荫而使工程和睦顺利、同心协力。广义的祭典也包括此庆祝典礼完成后的宴会。

5. 典礼场地的位置与座次

典礼场地必需朝南或东，绝对要避免朝北向，神位应朝向太阳的方向。

典礼场地的座次如图1所示。

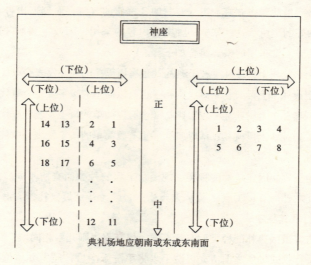

图1　座次的排法

023 请问有关地质勘察报告中钻孔柱状图的相关内容

柱状图的表示法

兹以表1及图1为例来说明。

柱状图的表示方法与说明　　　　　　　　表1

表示用语	内容说明
柱状图	以所规定的记号来表示各种地层内土壤的种类的图
标尺	表示柱状图垂直方向的尺寸
标高	以某一处为标准来表示所处位置的高度。采用标高的表示法有利于在倾斜的基地上进行多处钻探作业时的作图
深度	自调查（钻探）地点的地表起算的深度
孔内水位	表示钻探孔内的水位
层厚	表示构成各地层地基的厚度
岩芯采取位置	表示采取钻探孔内岩芯的位置
地质记号	表示各地层地质种类的记号
地质名称	表示各地层地质的名称
色调	表示各地层的颜色
叙述（观察）	在已判明的调查结果事项中，叙述一些可供参考的内容
密实度及稠度	表示各地层中地质的软硬程度
标准贯入试验	深度：自试验（钻探）位置地表面起计的深度 N值：表示击打次数与贯入深度 N值曲线：依各试验位置的深度所绘出的修正N值的曲线

准备阶段

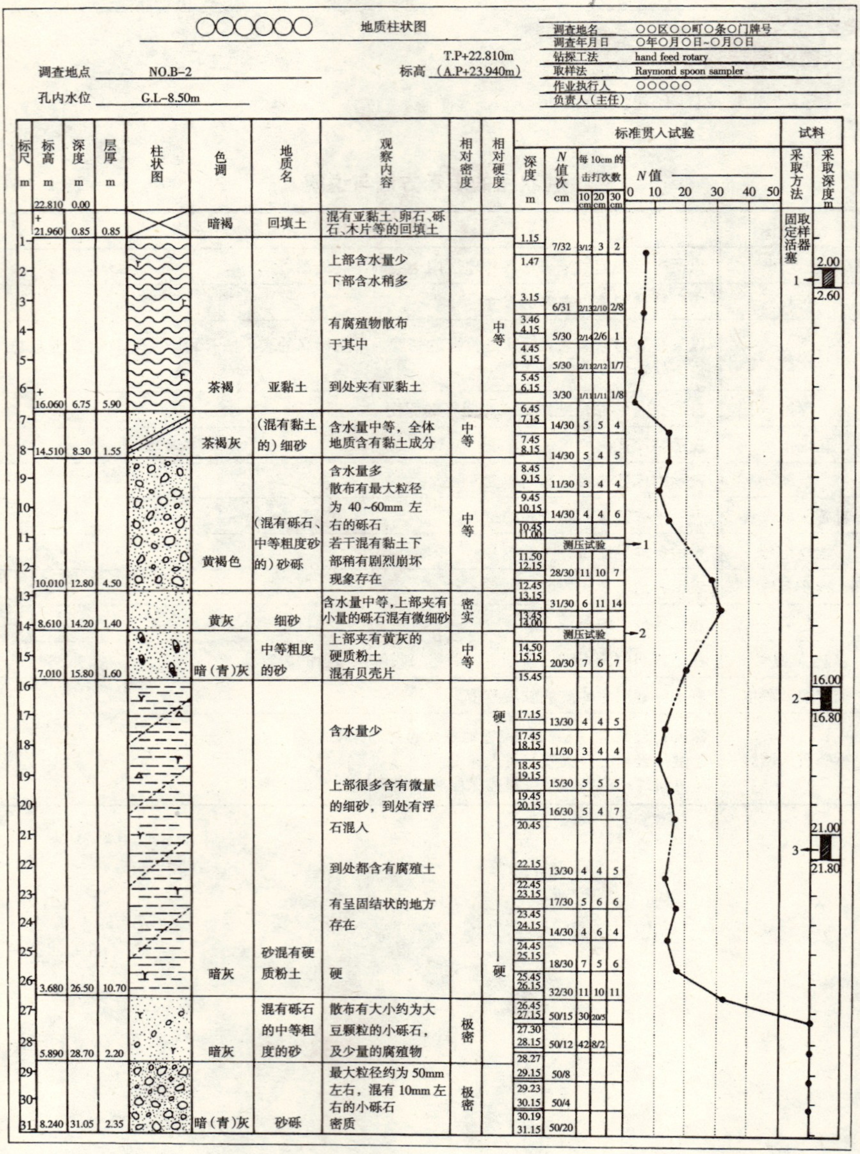

图1 柱状图之一例

桩基、基础、土方工程

024 请说明代表性的桩基施工法

见表1。

代表性的桩基施工法　　　　　　　　　　　表1

施工法	种类	概要	举例
1. 锤击工法		使用打桩机将桩基打入地层内的施工法，由于使用桩锤击打，因此在施工时会产生较大的噪声及震动是其缺点。一般大都与螺旋钻并用	● 落锤式 ● 蒸汽式 ● 柴油机式
2. 压入工法		以千斤顶与吊车将桩基压入的工法，此种工法无噪声与震动，但压入的能力有限，因此采用的场合较少	千斤顶工法
3. 振动工法		借由震动锤的上下震动将桩基打入的工法，噪声少但会有震动产生	震动锤
4. 挖掘工法	a. 预先钻孔法工法	以螺旋钻先钻掘到预定深度后再将桩基插入的工法	
	b. 喷射式工法	在桩基的前端装设有喷射管，借由从喷射管射出来的高压水流使桩缓缓压入的一种工法	
	c. 桩体内开挖工法	在前端呈开口式的桩基中空部放置螺旋钻或抓斗将桩端的土方挖除以利基桩压入的一种工法	
	d. 水泥浆工法	在螺旋钻的挖掘作业进行之际，利用螺旋钻抽出之际进行注入固定桩基用的液体的一种桩基工法	
5. 机械式开挖工法	a. 贝诺特工法	又称全套管工法，是一种以钢制套管压入地中以保护开挖桩孔时的孔壁，套管内的土以抓斗予以挖除后施做桩基的一种施工法	● 贝诺特 ● 大型动力千斤顶
	b. 大口径钻孔灌注工法	以回转式抓斗开挖桩孔并注入稳定液以防止开挖时孔壁崩坏，待开挖完成后即施做桩基的一种工法	● 大口径钻孔灌注桩
	c. 反循环桩基工法	以稳定液保护孔壁，以旋转钻头进行钻掘桩孔的一种桩基工法	● 反循环桩基工法 ● BH工法
	d. 大口径钻孔灌注工法	以螺旋钻钻掘桩孔，借由钻机的螺旋钻杆抽出时将水泥砂浆或混凝土灌入桩孔的一种桩基工法	
6. 人工挖孔工法	深基础工法	以人工开挖桩孔并以钢制环片或瓦楞铁板保护已开挖完成的孔壁，以利开挖人员于桩孔内安全地继续进行挖掘作业的一种工法。有时也配合机械的使用来进行开挖	

025 水泥乳浆工法施工的注意事项

为避免施工时产生噪声、震动、建设公害，常会采用水泥乳浆（Cement Milk）工法施工。采用此种工法施工的桩基，在施工时应注意以下两点：

1. 水泥乳浆（Cement Milk）工法（或预先钻孔（Pre-boring）工法）的概要

水泥乳浆工法是一种先开挖桩孔再将桩基植入桩孔内的埋入工法。此种桩工法尚有桩体内开挖工法、预先钻孔工法等。采用此种水泥乳浆工法时，务必依照日本建筑中心施工指针的规定。采用其他的埋入桩工法时原则上应有建设大臣的认可。

2. 水泥乳浆工法的施工流程（图1）

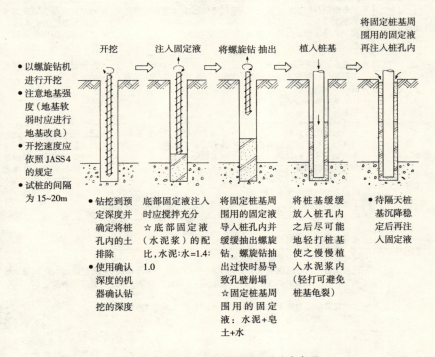

图1 水泥乳浆工法的施工流程及注意事项

026 请说明主要挡土工法的特征及其适用条件

见表1。

挡土工法的概要 表1

工法	特征	场地及其周边条件、建筑规模	地基土质，开挖深度等
挖方放坡及大开挖工法	• 为一种无挡土、支撑措施的开挖工法 • 开挖、回填的土方量最多	• 适用于场地周围有充足的空间的场合 • 适用于没有邻房邻接的场合 • 适用于地下层平面规模大的建筑场合	• 适用于较具稳定性的亚黏土层、黏土层、砂层 • 适宜的开挖深度约在地面以下 6.0~10.0m
地锚工法	• 于开挖面打设地锚抵抗土压的工法 • 基于场地考虑，打设地锚的范围应都在场地范围内为宜	采用地锚工法时施工范围内应不可有障碍物存在	• 地基应有可供锚固端固定用的坚固的支承层 • 适宜开挖深度在地面以下 20.0m 左右的工程
（水平）支撑工法	• 为最普遍被采用的工法，是以钢结构材料作为挡土措施的一种工法 • 要注意结构体与水平支撑的关系位置	适用于平面宽广的地下层且开挖深度浅的场合	开挖的底面不可有隆起的情形产生
筑岛开挖工法	• 于中央区先行开挖并将该区的基础、地下室底板等结构体施做完成后，以此结构体作为支撑的依据来架设支撑并继续进行该结构体以外的周部分的开挖作业的一种工法 • 由于整个地下室工程分成两个阶段进行，因此需要充分地研讨其施工计划	• 适用于开挖面积大的场合 • 适于地下室面积广大的建筑物工程	• 适于安定的亚黏土层、黏土层、砂层 • 开挖深度宜在地面以下 10.0m 左右，也可考虑与其他工法并用
逆作工法	• 先构筑挡土墙后再顺序往下进行土方开挖并顺次完成地下室部分的结构体的施工方法 • 地下建筑部分与地上建筑部分可同时进行施工	• 适用于都市地区内场地狭小的场合（已完成的一层楼板可兼用作为构台的场合居多） • 采用此种工法时，其结构体一般以采用S.R.C.的场合居多	• 适用于软弱地基的地质 • 开挖深度可比其他工法的深度更深
沉箱工法	• 地下部分的结构体预先在地上构筑完成后，于其底面边开挖边进行该结构体的沉设作业的一种工法 • 沉设作业进行时也可同时进行地上部分结构体的施工	• 适用于周边地基空旷，没有邻接建筑物的场合 • 适用于S.R.C.，R.C.的建筑	• 可在软弱地基、河川、海洋等场合施工 • 开挖深度可达地面下 30~40m 左右

2 桩基、基础、土方工程

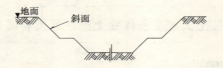

图1 放坡明挖施工工法

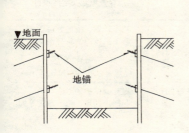

图2 地锚工法

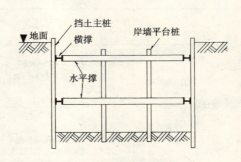

图3 水平支撑工法（横撑）

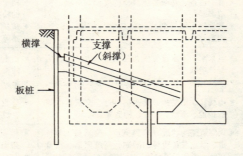

图4 筑岛开挖工法

027 开挖、挡土工程准备作业上的注意点有哪些？

见表1。

进行土方工程时的事前调查　　　　　　　　　　表1

调查项目		调查内容	应检查以及决定的项目
大分类	小分类		
建筑场地调查	建筑场地状况	• 建筑场地现况 • 建筑场地地界与建筑物位置的关系 • 地面的高低差（建筑场地内、建筑场地与周围的关系） • 残留建筑物等的位置、规模、构造等	• 挡土计划、施工方法 • 施工机械的性能与作业空间
	既有建筑物地下埋设物	• 残留建筑物的地下室、基础、桩基等的位置、规模、形状等 • 自来水、污水、瓦斯等地下管线的埋设位置、形状以及此等地下埋设物有无在使用的调查	• 撤除或保护的方法 • 与挡土计划、施工方法等的关系
	其他构筑物	• 水池、水井、树木等的状况	• 平整场地以及撤除的方法
建筑场地周边的调查	邻接构造物	• 含有桩基、基础等建筑物的规模、形状、构造等 • 其他挡土墙等的特殊构造物的规模、形状、构造等	• 挡土计划与施工方法的关系的检查 • 防护方法（补强、托换基础等）
	邻接的公共埋设物	• 自来水、下水道管线，瓦斯管、电话、电信等的缆线 • 共同管沟，地下铁等的位置、形状、构造等	• 挡土计划与施工方法的关系的检查 • 防护方法
	公共设施	• 电线杆、消防栓、交通信号灯、交通标志等的位置、形状、尺寸、构造等	• 移设可能性（与所辖的主管机关协调）的检查
	交通关系	• 周围道路的状况（道路宽度、交通量、单行道、禁止左右转等的限制、高度限制、重量限制、通学校道路等）	• 物资器材、机具的搬入、搬出 • 废土处理
	社会环境的限制	• 对噪声、震动等公害的限制 • 水井的使用状况 • 周边居民的意识	• 施工方法（无噪声、无震动的工法，地下水的对策，其他）
地基、地质的调查	地基构成	• 地层（地层的顺序、层厚、地质的名称等）	• 挡土计划、施工方法 设计用侧压 隆起 砂涌 地下水对策（包括排水计划、止水计划）
	地质试验	• 物理性试验（单位体积重量，密度，稠度，含水比，颗粒级配等） • 力学性质（N值，抗压强度：单轴及三轴强度固结度等）	
	地下水	• 地下水的状况（水位，水量，流向，透水性，自流水压力等）	
其他	工程实况	在附近的工程实况	
	其他条件	• 气象 • 河川、海、湖等 • 地基沉降	• 挡土计划、施工方法

028 挡土工法施工上的注意点是什么？

见图1、表1。

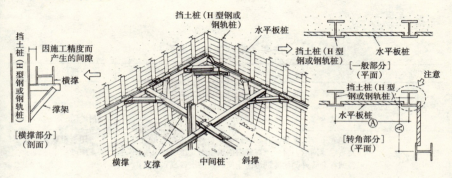

图1 立桩加横挡板工法概要

挡土措施施工上的注意事项（立桩加横档板工法的场合） 表1

	检查事项（注意点、重点）	概要（图示说明）
设计阶段	• 挡土墙应距离结构体多少距离，依下列几点来考虑 （1）作业所需空间 （2）结构体外沿到地界或道路旁线的距离 （3）挡土墙的施工法	挡土桩（H型钢或钢轨桩）　水平板桩 一般宽60~100cm（有做外模时应考量作业员作业所需的空间） 结构体外皮 水平桩：架设于挡土桩的外侧翼板上 挡土桩　水平板桩 结构体外皮 [场地没有充裕空间的场合]
施工阶段	• 应检查挡土桩（H型钢或钢轨桩）与横撑是否密接。若挡土桩（H型钢或钢轨桩）施工精度不佳而与横撑产生间隙时应采用如图所示的处理方法	施工精度不良的挡土桩　水平板桩 横撑　有间隙时应将之填满 水平支撑 以装有水泥砂浆的袋子将间隙填满 横撑　水平支撑 以钢制楔片填塞间隙并加以焊妥 横撑　水平支撑 填塞间隙用的混凝土
施工阶段	• 拟定水平支撑的架设计划时应检查以下几点 （1）两对向横撑间的净距离 （2）了解所用的主材与辅材的规格尺寸，千斤顶的尺寸及其可调整的长度 （3）各列支撑的接头位置应注意不可在同一线上 （4）同跨度内不要设置两个以上的水平支撑接头	水平支撑的接头在同一排位置上的不良范例（平面） 水平支撑的接头也不可在立面上呈一直线的排列（立面）

029 请说明土方工程中重要的排水工法

见表1。

主要的排水工法一览表　　　　　　　　　　　表1

工法名称	概　要	地质状况
排水坑排水工法	• 将开挖作业中流出地表的水引导排入排水坑，并在排水坑中设水泵将坑内的水排走的一种工法（图1） • 本工法为排水工法中最基本的一种，费用便宜	• 一般而言除松散的砂层外本工法适用于任何地质
滤水井	• 在地底下埋入套管，并在其外侧包覆纱网等具过滤性的材质形成滤网后，将流入套管内的水以水泵予以排出（图2） • 包覆在套管外侧的滤网可防止粗颗粒的土砂流入套管内	• 适用于粗颗粒的砂层或细砂层中的排水
深井排水工法	• 是一种将汇集的水从比开挖面还低的位置排出的一种工法。采用此工法时应先埋设30m左右的套管，并在套管周围包覆滤网，并以水泵将流入套管内的水予以排出 • 深井的间隔约在30m左右 • 此种工法工程费用较高，采用此种工法时应与专业承包商研究并参考其意见	
西门子式井点工法	• 本工法的构想与井点工法相似，在欧洲采用的场合很多 • 将长约20cm左右的套管埋于土中并在其周围包覆滤材后，将流入套管内15cm长的吸水泵之水以水泵予以排出的一种工法 • 抽水井的间隔约在6~12m左右	• 适用于透水性低的地质
井点工法	• 与西门子式井点工法的构想相似，是一种在美国颇为流行的工法 • 将直径5cm的套管相隔0.9~1.8m设置，并将流入井（套管）内的水以水泵予以排出的一种工法 • 井点的配置间隔依土壤的透水性，日常水位，抽水量调查等资料而定	• 适用于透水系数在10^{-3}~10^{-5}范围的地质，也就是细砂或粗颗粒的粉土层

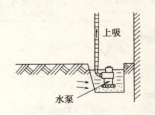

图1　集水坑排水工法

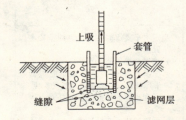

图2　滤水井工法

2 桩基、基础、土方工程

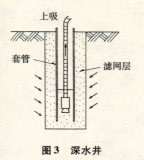

图3 深水井

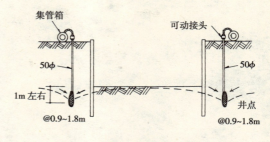

图4 井点工法

钢结构工程

030 请说明钢结构制品检查的具体流程

1. 钢结构制品检查的目的

（1）确认钢结构工厂所制作的钢结构材料有无具有设计文件所指示的性能与品质。

（2）确认钢结构材料的供给体制，可确保工程现场施工顺利进行。

2. 钢结构制品检查的流程（图1）

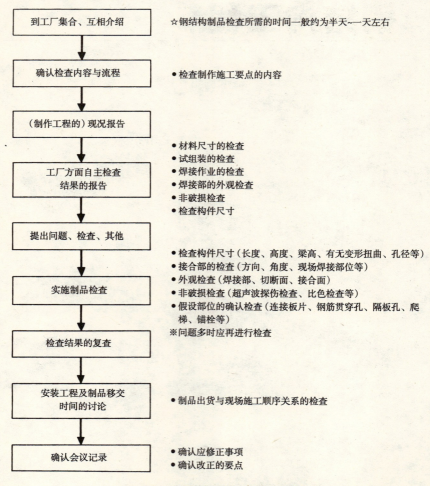

图1 主要的钢结构制品检查流程图

031 请说明钢结构工厂的钢结构制作流程

见图1。

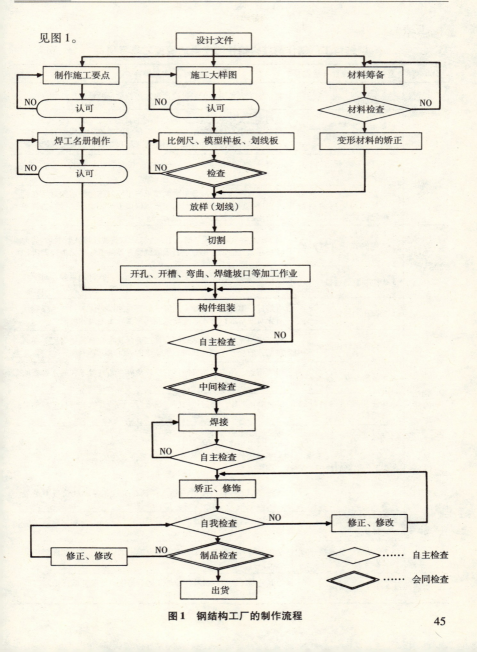

图1 钢结构工厂的制作流程

032 请说明钢结构制品会同检查时的重点

见表1。

钢结构工厂制作钢结构构件时主要的检查对象与项目　　　表1

分　类	检查对象及项目（重点）	主要内容
1. 制作图、足尺图	1.1 施工大样图的承认与确认	确认施工大样图有无经过设计者及监造单位的承认
	1.2 施工大样图、足尺图内容的确认	进行施工大样图或足尺图的检查时的重点如下：标准线（通心）与钢结构中心线位置的对照，层高尺寸的检核，柱梁位置、跨距的检核，坡口形状的检核，钢筋贯穿用孔、设备套管用孔的检核
2. 制作工程	2.1 工厂制作工程的确认	主要的工厂制作流程（足尺放样→切割→……→检查→出货）与全体工程的整合
	2.2 钢结构工厂的钢卷尺与现场用的钢卷尺的对照	此一作业是为避免现场放样的结果与工厂制作的钢结构制品在尺寸上产生误差而进行卷尺的对比，借以了解两者的差异性。比对时所用的钢卷尺的拉力一般为5kg
3. 钢结构构件	3.1 使用的钢种、形状等的确认（材料检查报告书）	对JIS规格品的确认（确认JIS的MARK或其规格证明书），若为规格品以外的场合则应进行采取试验片等的措施以供送验确认
	3.2 切割面的检核	应注意以瓦斯火焰切断的切割面有无毛边或缺口的现象，对于弯曲变形的构件应在切断之际先行确认有无矫正到位
	3.3 铆孔的检核	对铆钉、螺栓孔的孔数、间隔、位置应加以确认。同时也要确认有无对变形加以矫正、并确认开孔周围有无毛边的现象
	3.4 构件结合面的检核	对于切削完成的接头结合部应加以确认其接合面的密着度。在摩擦结合的场合应确认油污、生锈等的去除情况是否彻底
	3.5 组装角度的检核	组装作业之际应确认各构件的安装角度，尤其对于柱的连接板的安装角度更要加以注意
	3.6 使用异质钢材时的检核	通常组装的构件都应使用同一制造商、同一性状的钢材，尽量避免与异种材料混在一起使用
	3.7 工厂焊接的检核	对工厂焊接应进行以下的检核 ● 焊接工资格的检核 ● 焊接构件的检核（构件间的密着度、污染、坡口角度、根部间隔等） ● 焊接作业进行中的检核 ● 焊接部的检核（重叠、卷入焊渣、咬边、焊道过长与不足等缺陷）
	3.8 工厂涂装的确认（范围、程度）	依据施工说明书对涂装的种类、程度进行确认。并确认涂装完成后柱、梁构件有无标上记号
	3.9 （制品）自主检查报告书的确认	检查钢结构厂对制品是否正确地以施工大样图为基础或依制作指示施以自主检查
4. 其他	4.1 施工性的检核	为促进现场钢结构拼装作业施工的容易度，且降低施工危险度而在工厂制造阶段所进行的查核作业

3 钢结构工程

033 请说明有关焊接部分的检查与焊接缺陷的补修

1. 主要的焊接检查内容与方法（表1）

焊接部位的检查内容与方法　　　　表1

分　类	检查·确认项目	方　法
外观、表面的缺陷	• 焊缝表面的状态 • 针孔 • 重叠 • 凸出部位的形状 • 咬边 • 焊池的状态	肉眼检查 肉眼检查 肉眼检查 肉眼检查 肉眼检查 肉眼检查
尺寸上的缺陷	• 凸出的形状尺寸 • 焊缝长度 • 角焊的脚长、补强角焊的大小 • 不等脚长角焊的情况	以量测器测定 以量测器或量尺测定 以量测器或量尺测定 以量测器或量尺测定
内部缺陷	• 焊缝开裂 • 融合不良 • 融入深度不良 • 气泡（瓦斯切割面引起的凹洞） • 卷入焊渣	超声波探伤检查 超声波探伤检查 超声波探伤检查 超声波探伤检查 超声波探伤检查
其　他	• 焊缝端板的处理 • 焊渣的除去状态 • 环周焊的状态	肉眼检查 肉眼检查 肉眼检查

2. 焊接不良部位的修正

（1）气孔、卷入焊渣、咬边、融合不好的情况，应将该不良的焊接部分以气刨或磨光机铲除后再重新焊接。但要注意不可伤及焊接不良处以外的部分。

（2）焊接部有龟裂处应将全部长度的焊缝予以铲除，再重新进行焊接。

（3）咬边、焊接长度不足、弧坑等处应继续以焊接的方式将缺陷部位补好，但要注意此种追加焊接所使用的焊条直径应越细越好，尤其是咬边的追加焊接，应使用4mm左右的小直径焊条。

034 与钢结构构件焊接有关的施工图上的焊接记号是什么？

1. 焊接的基本记号（表1）

焊接的基本记号（JIS Z 3201 201 1981 修正） 表1

焊接部位的形状	基本记号	备 注
双斜角形	八	
单斜角形	八	
I形	||	包括电阻对焊，闪光对焊，摩擦焊等场合
V形，两面V形（X形）	∨	X形是将V形符号呈对称的位置标示于说明线的基线上（以下简称基线）的一种表示法。此种记号亦用于包括电阻对焊，闪光对焊，摩擦焊等场合
V形，两面V形（K形）	V	K形是将K形符号呈对称的位置标示基线上的一种表示法。记号的纵线书于左侧。此种记号亦用于包括电阻对焊，闪光对焊，摩擦焊等场合
J形，两面J形	ㄩ	两面J形是将J形符号呈对称的位置标示基线上的一种表示法。记号的纵线书于左侧
U形，两面U形（H形）	ㄩ	H形是将U形符号呈对称的位置标示基线上的一种表示法
Flare（喇叭形坡口）V形 Flare（喇叭形坡口）X形	⌒⌒	Flare（喇叭形坡口）X形是Flare（喇叭形坡口）V形以对称的位置标示基线上
Flare（喇叭形坡口）V形 Flare（喇叭形坡口）K形	⌒	Flare（喇叭形坡口）K形是将Flare（喇叭形坡口）V形以对称的位置标示于基线上
角焊	△	记号的纵线书于左侧，上下并列角焊时应将此记号以对称的位置标示于基线上，但若错开而非并列焊接时应以右示记号表示 ▷▷
塞焊，槽焊	⊓	
堆焊	⌒	焊缝隆起（焊缝堆起）的焊接应将此记号以两个并列表示
点焊 凸焊 滚焊	✳	此记号是表示以凸焊，电弧焊接，电子焊接等焊接方法对搭接接头部位进行焊接。但角焊焊接除外。滚焊的场合应将此记号以两个并列表示

3 钢结构工程

参考：辅助记号

区 分		辅助记号	备 注
焊接部位的 表面形状	平焊面 凸焊面 凹焊面	⌒ ⌣	朝基线外侧凸起 朝基线外侧凹进
焊接处的表 面处理方法	锤凿 研磨 切割 不指定	C G M F	以研磨机研磨的表面处理方法 以机械对表面加以处理的方法 没有指定表面处理方法的场合
现场焊接 全周焊 现场全周焊			很明显需要全周焊时可将焊接表示法予以省略

2. 焊接记号的具体表示例（表2）

坡口焊接的表示例   表2

坡口深度（mm）	坡口角度（°）	根部间隔（mm）	实际情况	表示符号
16	60	2		
10	45	2		

035 请问钢结构施工现场的施工精度标准

在现场钢结构安装施工之际,其尺寸的容许误差规定如表1所示。

钢结构安装的标准(JASS 6)(参考文献4) 表1

名称	图	标准容许误差	极限容许误差	测定器具	测定方法
(1)建筑物立面倾斜		$e \leq \dfrac{H}{4000}+7\text{mm}$ 且 $e \leq 30\text{mm}$	$e \leq H/2500 + 10\text{mm}$ 且 $\leq 50\text{mm}$		由各柱节的倾斜量算出
(2)建筑物平面变形		$e \leq \dfrac{L}{4000}$ 且 $e \leq 20\text{mm}$	$e \leq L/2500$ 且 $e \leq 25\text{mm}$	钢丝线,钢卷尺,金属制角尺	测出与四角隅或其他位置的基准柱的出入情形,由该值计算
(3)定位中心与锚固螺栓位置的偏移量	A种：$-3\text{mm} \leq e \leq +3\text{mm}$ ；B种：$-5\text{mm} \leq e \leq +5\text{mm}$		A种：$-5\text{mm} \leq e \leq +5\text{mm}$ ；B种：$-8\text{mm} \leq e \leq +8\text{mm}$	Base Plate(柱底板)的样板(又称钢模套板钢卷尺)	将挖有较锚固螺栓孔的直径大2mm的柱底板的样板(钢模套板)置于放样完成的定位中心线上,校核样板(钢模套板)上的定位中心线是否与现场放样拟妥的定位中心线吻合。若不吻合时应将所埋设的锚固螺栓位置加以调整
(4)柱安装面的高度 ΔH		$-3\text{mm} \leq \Delta H \leq +3\text{mm}$	$-5\text{mm} \leq \Delta H \leq +5\text{mm}$	激光水准仪水准仪标竿	每根柱子应以水准仪标定四个以上位置

3 钢结构工程

续表

名 称	图	标准容许误差	极限容许误差	测定器具	测定方法
（5）施工现场钢柱接头当层的高度 ΔH		$-5mm \leqq \Delta H \leqq +5mm$	$-8mm \leqq \Delta H \leqq +8mm$	水准仪，钢卷尺，标杆	以水准仪定出基准高程位置后用钢卷尺测出 A 与 B 之值
（6）梁的水平度		$e \leqq L/1000 + 3mm$ 且 $e \leqq 10mm$	$e \leqq \dfrac{L}{700} + 5mm$ 且 $e \leqq 15mm$	水准仪，钢卷尺，标杆	以水准仪定出 A 与 B 的梁高，$e = B-A$
（7）柱的倾斜		$e \leqq \dfrac{H}{1000}$ 且 $e \leqq 10mm$	$e \leqq \dfrac{H}{700}$ 且 $e \leqq 15mm$	经纬仪与标尺，红外线垂直测准仪，钢卷尺，金属制角尺	方法 A（铅锤法）；方法 B（经纬仪法）；方法 C（红外线射垂直测准仪）

036 请问钢结构构件的连接所使用的高强螺栓的相关事宜

高强螺栓的种类有 JIS 型的高强螺栓，JIS 规格以外的螺栓以及特别对螺帽及垫片加以处理，以期栓固时可以很容易导入必要的轴力的特殊强力螺栓（参照图1）。

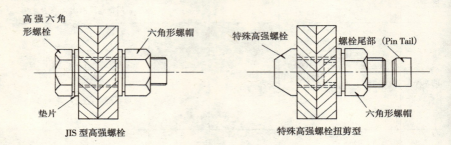

图1 高强螺栓的种类

1. JIS 型高强螺栓（表1）

高强螺栓的种类与等级（JIS B 1186）　　　　表1

类　型		依框关构成品的机械性质而分的等级		
依机械性质而分的类型	依扭距系数值而分的类型	螺栓	螺帽	垫片
第一种	A B	F8	F8	F35
第二种	A B	F10T	F10	F35
第三种	A B	(F11T)		

注：成套的系指螺栓1根，螺帽1个，垫片2个。

2. 特殊高强螺栓

特殊高强螺栓通常在设计文件中会指定螺栓的制造厂商，以及螺栓的名称。而使用最为普及的特殊高强螺栓是 JSS Ⅱ 09（日本钢构造协会规格）所规定的 Torshear 型（扭剪型 TC）高强螺栓。此种特殊高强螺栓同时也为 JASS 6 所采用。较为主要的特殊高强螺栓的种类有以下几种：

带 PI 螺帽的组合型螺栓，TS 螺栓，TC 螺栓，SS 螺栓，神钢扭距变换型螺栓，NK 螺栓，RT 螺栓，SP 高强螺栓等。

钢筋工程

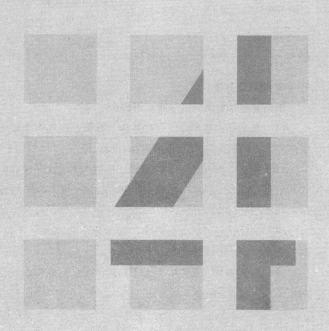

037 请说明钢筋的规格

1. 钢筋混凝土用钢筋与 JIS 的关系（表1）

钢筋混凝土用钢筋的规格　　　　　表1

名　称		记　号	日本工业规格	规格记号的说明
热轧钢筋	第1种	SR 235		
热轧钢筋	第2种	SR 295		
热轧异形钢筋	第1种	SD 235	JIS G 3112 钢筋混凝土用钢筋	SR（Steel Round Bar）
热轧异形钢筋	第2种	SD 295		SD（Steel Deformed Bar）
热轧异形钢筋	第3种	SD 345		SRR（Steel Round Bar, Revolled）
热轧异形钢筋	第4种	SD 390		SDR（Steel Deformed Bar, Rerolled）
热轧异形钢筋	第5种	SD 490		例
再生圆钢	第1种	SRR 235	JIS G 3117 钢筋混凝土用再生钢筋	SD 30　钢材的屈服点为 300MPa
再生圆钢	第2种	SRR 295		
再生异形钢筋	第1种	SDR 235		
焊接钢筋网		—	JIS G 3551 焊接钢筋网	

2. 钢筋的制造方法

钢筋的制造方法可以分为以下四种。

（1）高炉钢：在制造工厂经炼铁、炼钢、压延等作业所生产而成的钢材。主要生产 $D19 \sim D38$ 的中、粗直径钢筋的产品。

（2）平炉（电炉）钢：以铸铁、废铁为主要原料经炼钢、压延等作业所生产而成的钢材。与高炉钢材同样以生产中、粗直径钢筋的产品为主体。但同时也有生产 $D10 \sim D16$ 的细直径钢筋。

（3）压延钢材：以方形钢块、钢坯等半成品为主要原料经压延作业而成的产品。主要以生产 $D13$ 产品为主。

（4）拉伸钢材：将废铁、废铁制品经压延作业所生产而成的产品。主要产品为 $D10$、$D9$ 等细直径钢筋。

4 钢筋工程

038 产品品质证明书是什么？

1. 产品品质证明书（Mill Sheet）

产品品质证明书（Mill Sheet）是钢材制造者向钢筋使用者提出出货检查时最终的品质保证书。又称为"钢材检查证明书"。是证明符合订购合约内所规定的规格与品质的一种资料。

2. 产品品质证明书的内容

产品品质证明书的内容如图1所示。其内容有：

（1）制钢番号（CHARGE NO.）为各制钢炉的生产批号（高炉钢一次约产300t左右，电炉钢一次约产80t左右）

（2）各炉单位的化学成分试验以及张拉试验的结果

（3）规格（SPECIFICATION）：明示该批钢筋为钢筋混凝土用钢筋（JIS G 3112）或钢筋混凝土用再生钢筋（JIS G 3117）；圆钢（SR，SRR）或异形钢筋（SD，SDR）等记号

钢材检查证明书

发行年月日	88.7.25	证明书番号	7047－1	MILL SHEET
指定番号	8－165	契约番号	T7－84－A	JIS G 3112
订购单位	（株）トーメツ　钢铁第三部钢筋课			许可番号第95.67号
经　　由	三和兴业（株）			朝日工业株式会社
需 要 者	三井プレコソ（株）			
工 程 名	●●●●●●			
品　　名	钢筋混凝土用钢筋　异形钢筋	规　格 JIS G 3112 SD30A		直径 D16

长度	根数	重量	钢号	化学成分(%)						抗拉试验				
				C ×100	Si ×100	Mn ×100	P ×100	S ×100	Cu ×100	标距 (mm)	屈服点 (kgf/mm²)	抗拉强度 (kgf/mm²)	延伸率 (%)	抗弯试验 (×180°)
(m)	(根)	(kg)	No				≦50	≦50		L=8D	≧30	45~61	≧16	1.5D
3.5	18	98	6290	23	15	58	32	38	28	127	37	52	29	GOOD
5.5	86	738	6283	24	12	62	35	41	40	127	37	52	24	GOOD
6.0	87	187	5833	25	19	73	34	36	28	127	39	55	25	GOOD
6.5	4	40	6274	26	23	70	38	37	27	127	40	54	22	GOOD
7.0	142	1548	6272	26	18	62	34	36		127	39	55	26	GOOD
合计重量		2611					以下空白							

图1　产品品质证明书的一例

☆参照第127项

039 请说明钢筋连接的方法有哪些？

钢筋的连接方法如表 1 所示。

钢筋的连接方法 表1

连接接头的种类		特征、概要	工法例
	搭接	此为一般被广为采用的工法（建筑标准法中如此说明）。通用在 $D16$ 以下的钢筋连接居多。但此种接头常造成搭接处钢筋量增多以致产生混凝土的充填性不佳的情况	
焊接接头	瓦斯压接接头	大都用在 $D19$ 以上的钢筋连接的场合，其连接质量的好坏易受压接工的技能与天气所影响	
	电焊焊接接头	将连接处的钢筋施以坡口处理后，以电焊的方式完成钢筋连接的一种连接方法。此种连接方法也有配合套管等作为辅助措施的做法。另外，也有采用钢筋重叠搭接电焊，或配合钢板将钢筋以角焊或填角焊的方式焊于钢板上的做法	● 搭接焊接 ● KEN 法 ● SBR 法
	闪光对焊焊接接头	采用闪光对焊焊接接头的接合法常需较大的电量，因此不宜用于现场的焊接	● FB Ring
	电渣压力焊	将钢筋接合部置于接合用模具中，于模具内产生化学反应而完成钢筋接合的方法。另外，也有将钢筋套入套管中于套管内产生热剂反应以完成钢筋接合的作法	● 热剂焊接
机械接头	套管接合式（压着式）连接	将钢筋插入钢制套管内（或环箍）内并以油压千斤顶等工具加压使其吃进异形钢筋的肋节内的一种接合方法。也有以爆炸时产生压力（爆压）的方式使套管与钢筋接合在一起，或将楔片打入套管内而达到钢筋接合的目的	● Grip Joint ● TS Sleeve Joint ● Squeeze Joint ● OS 式 Hoop Clip 等工法
	套管充填式连接	将钢筋插入铸铁制的套管内后以高强度水泥浆或树脂等充填材注入套管的空隙内以达到接合的目的。依建筑标准法第 38 条的规定此种工法应经建设大臣的认可	NBB Sleeve Joint
	螺纹式接头	将钢筋连接端车成螺牙状后以钢筋连接器（Coupler）将两连接钢筋接合而成的接合方法。此时为防止连接器的松脱应采用防松螺帽锁紧或将树脂注入连接内以达到圆满连接的要求。依建筑标准法第 38 条的规定此种工法应经建设大臣的认可	● 长型螺帽接头 ● 万能连接器 ● 长螺帽接头

☆参照第 040 项

… 4 钢筋工程

040 请问除了瓦斯压接及搭接以外还有哪些钢筋连接方法？

主要的实用化钢筋连接工法　　　　　　　表1

分类	内容（概略说明）	具体案例
螺纹连接器（Coupler）	• 螺纹式钢筋接头：以异形钢筋的竹节作为螺牙套入螺纹的连接器内而完成钢筋连接的一种工法。此种方式的连接计有在连接器的两端以螺帽将连接器的两端栓固的防松螺帽工法，以冷压着方式将连接器与钢筋压着在一起的连接器压着工法，以及在连接器与钢筋的间隙注入树脂的树脂 Grout 工法等几种。 • 转换接头：以解决不同直径钢筋的连接问题所开发出来的转换接头螺栓来完成不同直径钢筋连接的一种工法	（防松螺帽连接方式） （转换接头螺栓的连接方式）
充填套管的连接方式	• 以水泥浆充填套管的连接方法：将两根异形钢筋的端部插入圆筒形的铸铁制的特殊套管内，并以高强度无收缩水泥浆充填其内部以达到钢筋互相接合的目的。此工法可容许连接的钢筋之间有微量的错开。因此，可采用在不允许钢筋接合作业时产生钢筋变形的 PC（预制钢筋混凝土）工法中。（NMB Splice Sleeve 工法） • 套管内充填金属的钢筋连接方式：在金属的套管内将要连接的异形钢筋插入后，于其中注入以热剂造成化学反应的溶融钢筋溶液，以期能借由充填材的抗剪强度与套管的坑拉、拉压强度来达到钢筋所承受力量的传递。 • 以楔片充填套管的钢筋连接工法：在钢筋连接部分将钢筋插入设有可插入楔片的特殊连接器中，然后利用油压机器将楔片压入而达到钢筋连接目的的工法。 此种工法无法适用于柱梁等钢筋轴心不一致的主筋连接的场合，但可用在细小直径钢筋的接合（OS Hoop Clip 工法）	（充填水泥浆式的钢筋连接接头） （金属充填式接头） （以楔片充填套管的钢筋连接工法）

57

分类	内容（概略说明）	具体案例
压着式套管的钢筋连接工法	• 紧夹式接头工法：将要接合的钢筋插入钢筋连接用的套管后，以油压机械将该套管压紧而达成钢筋接合目的的一种工法。所用的连接接合用套管及油压压着装置所需设定的油压、压着次数，因钢筋直径及各厂商的油压装置之不同而异。 • 挤压式的钢筋连接工法：将要接合的异形钢筋插入钢筋连接用的套管之后，以栓固机器装置从单一方向拧挤而完成钢筋接合的一种工法。此种工法与紧夹式接头工法同样是以连接用的套管吃入异形钢筋竹节之间的一种连接方法	以紧夹的方式完成连接的方法（紧夹式接头工法） 千斤顶挤压式连接工法 以挤压的方式将连接用的套管与钢筋挤压成一体（挤压式的钢筋连接工法）
焊接方式的钢筋连接接头	• 铜制辅助焊接用套管：以铜制辅助焊接用套管辅助U形开槽的钢筋进行电焊焊接接合作业，待焊接完成后将辅助用套管拆下即完成了钢筋的连接作业。（KEN工法） • 钢制辅助焊接用套管：将欲连接的钢筋插入钢制的辅助焊接用套管内，由该套管中央处的开口进行焊接。与KEN工法不同的是焊接时辅助焊接用的套管是一起焊于连接的钢筋上（SBR工法）	下向焊接的场合 立向焊接的场合（铜制辅助焊接用套管） （钢制辅助焊接用套管）

☆参照第039项

041 请说明压接工人的技术资格及其品质检查内容

1. 压接作业人员应有的技术资格

表1所示为依据日本压接协会（NAK）的《钢筋瓦斯压接作业标准施工说明书》所规定的压接作业人员的技术资格与作业范围。

压接作业人员的技术资格及其作业范围的规定（引用文献5）　表1

技术资格的类别	作业可能范围	
	钢筋种类	钢筋直径
第一种	SR 235，SR 295 SD 295A，SD 295B，SD 345，SD 390	直径 25mm 以下 标称 D25 以下
第二种	SR 235，SR 295 SD 295A，SD 295B，SD 345，SD 390	直径 32mm 以下 标称 D32 以下
第三种	SR 235，SR 295 SD 295A，SD 295B，SD 345，SD 390	直径 38mm 以下 标称 D38 以下
NAK 第四种*	SD 295A，SD 295B，SD 345，SD 390	直径 50mm 以下 标称 D50 以下

注：第一种为压接技术的基本技术资格。
　　记号"*"表示为《日本压接协会技术资格检定试验规程》的规定。

2. 压接部的检查

（1）破损检查：通常以抽验的方法进行张拉检查

（2）非破损检查：以超声波进行检查（NAK S 0001）

（3）外观检查：如图1所示

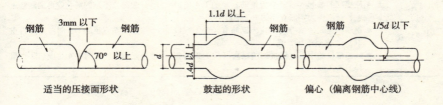

图1　压接面的形状与压接后的形状

☆参照第127项

042 瓦斯压接的管理重点是什么？

瓦斯压接作业管理上主要的检核重点及其具体的处置方法如表1所示。

钢筋的瓦斯压接作业管理上的检核重点　　　　表1

管理对象	内　容	不符规定时的处置办法
钢筋材料	• 所使用的钢筋应为同一厂商所生产的材料，至少同一直径的钢筋要统一使用同一厂商生产的材料。 • 对钢筋规格及钢种进行确认（Roll Mark，Mill Sheet）	⇨ 如使用不同厂商所生产的材料时应进行破坏面试验以确认其材质的好坏 ⇨ 无规格的成品应剔除
瓦斯压接者	• 确认有资格的人数，作业管理体制等的技术化程度	⇨ 应要求提出施工计划书及技术人员名单
瓦斯压接作业人员的技术	• 对日本压接协会（NAK）《钢筋瓦斯压接工程标准施工说明书》中所规定的技术资格及作业范围进行确认	⇨ 确认有资格者的证明书（照片，有效期间等）
使用机器	• 确认燃烧器（应避免使用四口燃烧器，尽量使用多口式燃烧器） • 确认加压器具（使用手动式比使用油压器较容易产生个人技术上的差异性）	⇨ $D19 \sim D25$ 的场合适宜使用6~8口的燃烧器 ⇨ 确认油压器有无压力计
瓦斯压接面	• 确认钢筋的切断方法（应使用携带型高速切断器）或剪断器（冷加工），避免使用瓦斯焰（热加工）切断 • 确认钢筋对接的间隙 • 确认压接面周围（50~100mm）无生锈或油漆等的附着物	⇨ 端部有弯曲的场合应再进行切断使成直角 ⇨ 应在3mm以下 ⇨ 应将附着污物完全清除
加压	• 确认最终加压的压力值（应在30MPa以上）	
作业条件	• 确认气象条件（风速在5m以上时应停止作业，有雨雪附着在钢筋上时应停止作业） • 对于会造成不安全的作业姿势的部分应特别加以注意	⇨ 当利用遮蔽物等可排除天气影响的方式时，可以作业 ⇨ 彻底进行外观检查
外观检查	• 压接部的鼓起（直径应为钢筋直径的1.4倍以上，长度应为钢筋直径的1.2倍以上） • 钢筋相互间的偏心量（应为钢筋直径的1/5以下）⇨ 参照第041项 • 鼓起部位的中心与压接面的错离（应为钢筋直径的1/4以下）	⇨ 鼓起部位不足的场合应再加热修正 ⇨ 超过钢筋直径的1/5时应切除再重新进行压接 ⇨ 超过钢筋直径的1/4时应切除再重新进行压接

043 请说明钢筋保护层的厚度及标准

欲提高钢筋的（1）耐火性；（2）耐久性；（3）粘着力（握裹力）就必须使钢筋有足够的保护层的厚度。

最小的保护层厚度：是指钢筋表面到包覆的混凝土表面为止的最短距离，其规定如下所示（参照表1）。

最小保护层厚度的标准　　　　　　　表1

构造的部位与种类			建筑标准法施工令	JASS 5（建筑学会）	
			最小保护层厚度	最小保护层厚度（不含粉刷装修层）	最小保护层厚度（含粉刷装修层）
不与土壤接触的部分	屋顶板 楼板 非承重墙	屋内	20	20	20
		屋外		30	20
	柱、梁、承重墙	屋内	30	30	30
		屋外		40	30
	挡土墙		—	40[2]	40[2]
与土壤接触的部分	柱、梁、承重墙、楼板		40	40[3]	40[3]
	基础、挡土墙		60[1]	60[3]	60[3]
备　注			1）垫层混凝土部分除外	2）因混凝土品质以及施工法上的需要，经相关人员认可时可减10mm 3）轻质混凝土的场合应增加10mm	

044 请说明确保钢筋保护层厚度用的垫块的相关事宜

隔件（垫块）是钢筋支撑以及侧模用垫块的总称，主要目的是保证钢筋与模板或垫层混凝土有一定的保护层厚度。隔件的种类、特征、适用处所如表1所示。

隔件的种类与特征　　　　　　　　　表1

种类	特征（优、缺点）	适用处所	形状（图、照片）
水泥砂浆制	• 强度小，施工中常有受到作业时产生的外力而遭到破坏的情形，因此在日本现在几乎不再使用 • 此种隔件在日本建筑学会《钢筋混凝土结构配筋指南》的规定中并不包含在内	基础（基底，垂直筋底部）	方形 20×20×20　其他 30×30×30　马蹄形 40×40×40　环套形 60×60×60　两段式隔件
混凝土制	• 由于材质为混凝土因此与施工建筑物的混凝土品质较为接近 • 成本较廉 • 不会生锈 • 重量较重 • 尺寸精度较差（较难保持精确的保护层厚度） • 易因浇灌混凝土作业产生的振动而移位	基础（基底，垂直筋底部），楼板	一般用垫块　附有钢丝的混凝土制隔件　附有插榫的混凝土制隔件 a, b 均应在 50mm 以上，c 为保护层厚度
钢筋或金属制	• 强度稳定 • 钢筋会生锈，因此要施以防锈处理（镀锌，树脂加工） • 重量较轻 • 可保持均等的保护层厚度 • 不会受浇灌混凝土作业的影响而移位 • 可大量生产	楼板	
塑胶制	• 强度较低 • 费用低廉 • 不会生锈 • 质轻，安装容易 • 可保持均等的保护层厚度 • 不会受浇灌混凝土作业的影响而移位 • 可大量生产（形状不受限制） • 耐火性差	楼板、柱、梁、墙	普通型　　缘端有凸点

045 钢筋工程中确保保护层厚度的管理重点是什么?

钢筋工程中为确保保护层厚度应有的查核重点　　　表1

工程（作业顺序）	查核重点（重点管理项目）	产生不符规定的情形时的处理方法
排筋之前（刚放样完成时）	• 确认柱筋、墙筋有无依图施工	→没有依图配筋时应依照文件要求补足配筋量（配合化学螺栓或环氧螺栓等的使用）
	• 确认柱筋、墙筋有无偏心或依所规定的位置收头	→若没有依所规定的位置收头时应将钢筋周围的混凝土凿除加以修正。如无法如此施做时，应依上述方法配置新的钢筋
绑扎钢筋时	• 确认不要的钢筋有无在拼装模板时造成作业上的障碍	→不要的钢筋应将其周围的混凝土凿除后予以切断，并以水泥砂浆修补
	• 确认钢筋的排列是否整齐并确认钢筋有无偏心或倾斜	→有左述情形产生时应以隔件或其他器具予以修正
	• 确认有无采取确保保护层厚度的措施（安置隔件（Spacer），或其他确保位置的工具）	→与上述相同（或局部采取临时焊接等方法予以修正）
浇筑混凝土作业之前	• 确认柱筋、墙筋、板筋等与模板之间的正确位置（有无确保所规定的保护层厚度）	→有偏心或与模板接触时应进行适当的修正
	• 确认配筋不会受到浇筑混凝土所用的输送管的干扰而产生移位或偏心的现象	→浇筑混凝土有用到输送管时应加强钢筋的保护或对绑妥的钢筋加以补强，以避免产生配筋移位或偏心的情形（设置马凳、撑座或插入补强筋）

046 现场施工时确保保护层厚度应注意的要点是什么？

1. 确保钢筋保护层的要点

（1）注意柱、梁、墙的连接部分受剪区的配筋状态。
（2）注意外墙的配筋状态。
（3）注意拉筋、支架、垫块等的安装状态以及钢筋绑扎等的情况。

2. 具体案例（图1～图5）

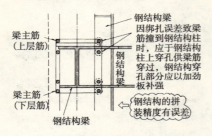

图1　SRC构造的柱梁连接部分受剪区

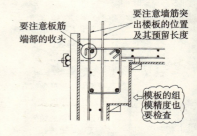

图2　RC构造的柱梁连接部分受剪区

图3　隔件的收头

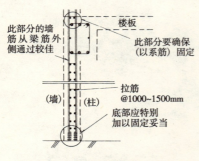

图4　墙的配筋

图5　墙筋与隔件

047 请说明与配筋有关的检核重点及修正方法

1. **与钢筋绑扎有关的检核重点**
   (1) 钢筋的间隔
   (2) 钢筋的连接与锚固
   (3) 保护层的厚度
   (4) 其他（钢筋生锈，油脂、尘土附着，配筋零乱等）
2. **失败的案例与修正**
   (1) 锚固长度不足：如图1所示

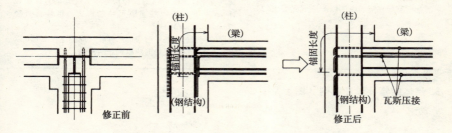

图1 梁筋锚固不良、锚固长度不足及其修正方式

   (2) 保护层厚度不足：如图2所示

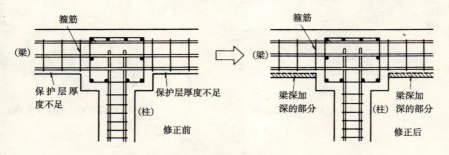

图2 保护层厚度不足及其修正方式

048 请问配电盘等设备影响柱、墙配筋时的改善方法

1. 一般性的对策（表1）

与接线盒（BOX）的埋设有关的注意事项　　　　　　　　表1

埋设于柱体的场合应注意的事项	埋设在墙、板时应注意的事项
• 应使用厚度在50mm以下的接线盒（深度应在柱主筋的保护层厚度以内） • 需拆除箍筋方能安装时，应配置补强用的箍筋 • 配管宜配在箍筋内侧以防造成混凝土的龟裂	• 配筋有碰到接线盒时不要附着在接线盒上，应将钢筋加以适当的弯曲通过接线盒，以确保有合理的保护层厚度 • 有埋设的如配盘之类的大面积箱体时，应加上与该面积相当的纵横补强钢筋与角部斜向补强筋。此时应注意此等钢筋的锚固长度 • 埋设的配管应配于双层筋之间并要注意不可使配管有交叉的现象以确保适当的保护层厚度。配管的直径应在31mm以下（按钢筋间隔尺寸的规定：粗骨料直径 $25mm \times 1.25 = 31mm$） • 埋设的配管过于集中时应加以分散（间隔应在30mm以上，若钢筋间隔很密时应以钢筋网补强）

2. 具体的修补改良案例（图1及图2）

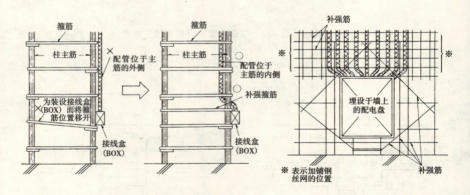

图1　埋设于柱体的修补案例　　　　图2　埋设于墙上的修补案例

049 请问配筋作业管理上的重点

1. 配筋（绑扎钢筋）的基本原则
（1）钢筋长度应符合设计文件的要求（可保证力的传递顺利与较佳的锚固效果）
（2）注意钢筋位置的正确性（确保保护层厚度与发挥钢筋的张拉作用）
（3）对抗拉钢筋的配置应充分注意（弯钩的弯折角度）

2. 配筋检查时期
（1）基础，柱，墙：拼装模板前，部分（单侧筋）绑扎完成后
（2）楼板，梁：模板局部（单侧）拼装后，混凝土浇灌前

3. 应与配筋检查并行检查的事项
（1）模板检查：尺寸，模板拉杆，定位器，清扫状态
（2）其他：混凝土接槎处（施工缝，伸缩缝）的位置，混凝土浇灌完成后的清理与养护，混凝土坍落度的确认等。

4. 易于产生错误的配筋案例（图1～图3）

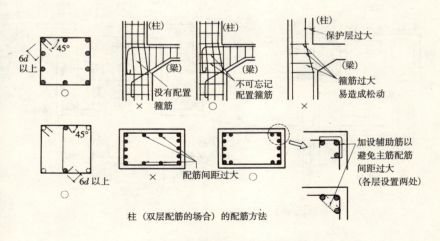

图1 箍筋易于产生错误的配筋案例

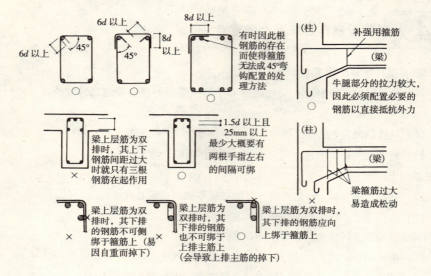

图2 易产生错误的梁筋、箍筋配置案例

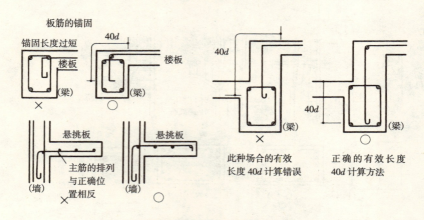

图3 各种错误的配筋案例

4 钢筋工程

050 柱主筋配置不当而无法修正时应如何处理？

此时可采用下述以特殊树脂锚固钢筋的方法（亦即所谓的化学锚栓）。

1. 施工顺序与方法（图1）

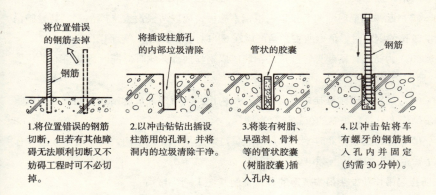

图1 化学锚固螺栓的施工顺序

2. 标准定额与费用

（1）以 $D19$ 的钢筋计：30 根/人·日，3000 日元/根（材料：胶囊＋钢筋，含工资）

（2）以 $D22$ 的钢筋计：22 根/人·日，4500 日元/根（材料：胶囊＋钢筋，含工资）

（3）以 $D25$ 的钢筋计：11 根/人·日，7500 日元/根（材料：胶囊＋钢筋，含工资）

051 请说明防止钢筋起吊产生事故的对策

1. 起吊钢筋时应注意的事项

（1）起吊钢筋时应依钢筋的长度、重量、加工形状的不同加以区分，对于长度较长的钢筋应加设一根控制绳来操控起吊的进行（参照图1）。

（2）起吊钢筋时应避免仅以一根钢索施吊，应以两根钢索来施吊。尤其是施吊长度较长的钢筋时，吊索所夹的角度应在60°以内方可施吊（参照图2）。

（3）为防止掉落起见，整束的钢筋应以钢丝捆绑，此时应同时确认重心的位置（参照图2）。

（4）挂钩时应派有挂钩资格者进行挂钩作业，指挥人员应站在可同时看到起重设备操作人员及起吊物的位置进行指挥。

（5）进行起吊作业时绝对不可有人员进入起吊作业范围内，并应有禁止进入作业半径范围内的标示与标语。

2. 防止起吊作业发生吊物掉落的具体案例（图1～图4）

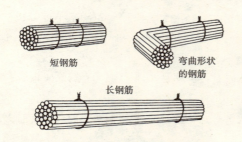

图1 将钢筋依长度，重量，加工形状的不同加以区分

图3 钢筋的存放状况

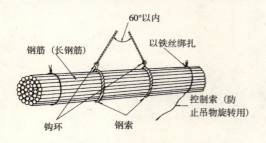

图2 钢筋的起吊作业

图4 钢筋的存放状况

☆参照第139项

4 钢筋工程

052 请说明钢筋加工、绑扎的品质管理与检查方法、检查标准

钢筋的加工、排筋时的品质管理与检查方法、检查标准如表1、表2所示,而配筋检查则应依各施工阶段分别进行。

钢筋加工、绑扎的品质管理与检查方法、检查标准　　表1

项目	试验方法	时机、次数	判定标准
钢筋的种类与直径	依目视、Mill Sheet（产品品质证明书）、进货资料等来确认,测定钢筋的直径	钢筋搬入时	是否依设计文件的规定
加工的尺寸	以尺量等进行测定	在加工完成的钢筋入场时或现场加工完成后,分别依加工的种别抽样检查	应符合 JASS 5 10.2 钢筋加工的规定
数量	目视、以尺量等测定	排筋中或排筋后随时检查	依设计文件或施工图的规定
绑扎精度			
位置精度			
接头以及锚固的位置、长度			
钢筋的间距	目视、以尺量等进行测定	排筋中或排筋后随时检查	依表2的规定
隔件的配置、数量	目视	排筋后随时检查	
钢筋的固定度	目视	排筋中或排筋后随时检查	应不至在混凝土的浇灌过程中有移位或变形的情形产生

钢筋支架，支架、垫块的数量与配置的标准　　　　表 2

部　位		种　类	数量、配置的标准
柱		钢制或塑胶制支架、垫块	各面上下两段分别设置两列 上段：第一个箍筋位置 中段：柱的中间
梁	梁底	钢制或塑胶制钢筋支架、垫块	间隔 1.5m 左右 端部 1.5m 以内
	梁侧		边梁上下两列，其他一列 间隔与梁底同
墙		钢制或混凝土制钢筋支架、垫块	上段：第一排的墙筋位置 中段：较上段低 1.5m 横向间隔：1.5m 左右 端部：1.5m 以内
楼板		钢制钢筋支架	上层筋、下层筋均为 1.3 个/m² 左右
基础、基础梁		钢制、混凝土制、塑胶制垫块	上段：第一个箍筋的位置 中段：在上段与墙底的中间 横向间隔：1.5m 左右 端部：1.5m 以内

注：1. 钢制的钢筋支架，垫块应采取防锈处理。
　　2. SRC 造的梁，若钢结构中已安装有插簪可确保混凝土厚度时，梁底的钢筋支架可以省略。

☆参照第 127 项

模板工程

053 请问模板工程作业前有哪些应协商的重点

在模板工程的准备阶段中应与模板的专业小包协商的主要事项如下：

1. 后续作业的了解（与装修作业的关系）

事前应先检查后续作业是原饰面混凝土、直接贴上壁纸、油漆或喷涂表面装饰材、贴瓷砖等的哪一种装修作业，以检查是否采用传统的模板工法或新的模板工法。当然在检查时也要将作业性、经济性、品质等因素一并充分地考虑进去。

2. 模板工程本身

（1）严守（模板工程的）工期：在长期的施工时间内，应不可产生劳务上的浪费以及考虑经济的要求。在定额不足的情况下不可因此而影响品质与精度。同时也要防止材料周转率低、材料费用增加的情形产生。

（2）适当工作人数的检查：应检查如何控制施工人数的增加，达到劳务均衡化的要求。

3. 搬运、起重计划

（1）起重计划：搬运量与总工人数两者都会有很大的变化（以 1000m² 的模板而言，搬运重量约为 35t），因此，事先对于起重机种的选择与起重的方法（起重机的设置处所，开口部位置等）都应充分协商，以期有合理的起重计划与搬运作业。

（2）周转计划：在不浪费模板材料的前提下，适当的周转次数以及其水平的挪动都应事先进行充分的协议。

（3）降低搬运费用：欲达到降低搬运费用的目的，对于下述项目应充分加以协调与检查：搬运数量、体积，搬运距离，在建筑物内的搬运距离（或高度），搬运的速度，搬运场所（含储存位置），搬运路径，搬运时间，搬运方法，搬运用机械、设备，搬运作业人员等。

4. 模板的周转计划

模板的成本是由材料反覆使用的次数而算出来的，因此在拟定周转计划计算成本之前应对以下的项目加以检查与协商。

这些项目包括结构体工程（一个楼层）的规模，模板存置时间的长短，模板尺寸有无变更，起重机械的种类与设置位置，材料存放场所，脱模剂的种类及其涂刷方法等。

☆参照第 058 项

054 请说明钢筋混凝土构造物的模板支模顺序与内容

模板支模顺序及其内容因建筑物的构造、装修的种类甚至施工方法等的不同而异。就一般的钢筋混凝土（R.C.）构造的场合而言，其顺序与内容如图1所示。

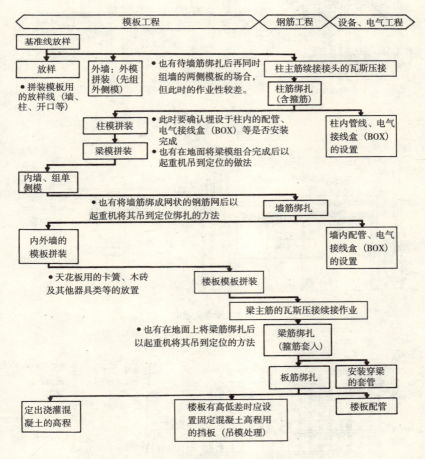

图1 模板工程作业的流程

055 请说明柱、梁、墙、板的模板支模方法

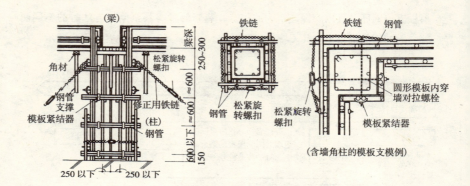

图1 柱模支模例

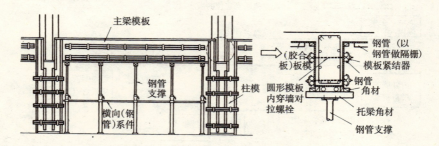

图2 梁模支模例

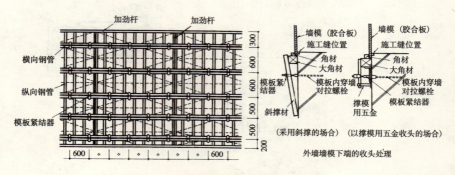

图3 墙模支模例

5 模板工程

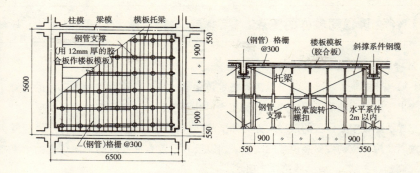

图4 板模的组模例（支撑配置等）

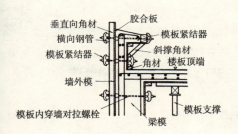

图5 女儿墙墙模组模例

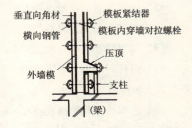

图6 女儿墙压顶滴水檐组模例

056 请说明放样的重点

1. 放样的目的

放样作业是以水准仪等测量工具将定位中心、柱心、墙心以及各部位的位置予以测出,以作为建筑工程结构图(施工图)中各工程的施工标准的一种作业。

标示定位中心位置的放样线称为标准放样线,其他的放样线尚有标示模板支摸位置以及构件或构件安装位置的放样线,以及表示垂直面高度的关系位置的水平墨线(高程参考线)。☆参照第 057 项。

2. 放样时的注意事项

(1) 事先应对放样的作业要领、检查方法等商量协议之后再作。

(2) 决定负责放样的专职人员。

(3) 所使用的测量机器如卷尺、经纬仪、水准仪等应固定,不要常常更换。

(4) 测量机器应小心地使用及存放,并应经常维护与检查。

(5) 放样时应由标准线放起,不可间接引用其他的放样线进行放样,否则容易产生较大的误差。

(6) 标准线、其他的放线有可能在后续工程中被覆盖住了,故要采取将其延伸或转移到其他部位等措施。

(7) 放样线的标示应让任何作业员看起来清楚易懂,放样完成后应再度校核其正确性。尤其是标准放样线不仅是作为模板支摸位置等的放样依据,同时也是移设至他层或其他工区放样用的依据,更要慎重地加以检核。

3. 放样的实施例(图 1 ~ 图 3)

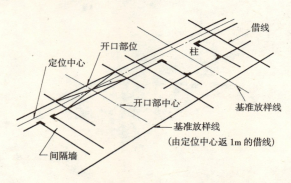

图 1 放样的具体示例

5 模板工程

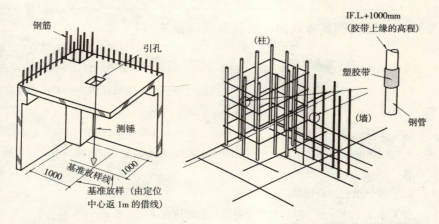

图 2 标准放样线的移设方法　　图 3 水平墨线（高程）放样的示例

057 请说明放样线的种类及其表示方法

1. 放样线的种类

（1）中心墨线：指标示墙及柱的中心线的放样线，此等放样线于混凝土浇筑完成后即被混凝土盖上而无法看见。

（2）借线：距中心墨线一定距离（如1000mm，500mm等）的位置所放样的线。它可取代混凝土浇筑完成后看不见的中心墨线，以此借线作为标准放样线来确定位置。

（3）地面墨线：画到楼板上的墨线。

（4）水平墨线：标示墙或柱在浇筑混凝土时应有高程的放样线。

2. 放样线的表示方法（图1）

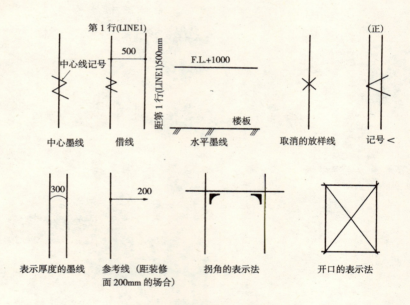

图1 放样线的种类及其表示法

☆参照第056项

058 涂刷于模板上的脱模剂有哪几种？

脱模剂是一种减少模板与混凝土的附着力进而可因此而获得整洁的混凝土表面的一种材料。同时，它尚可达到增加模板周转次数的效果。主要的脱模剂及其特征如表1所示。

脱模剂的特征　　　　　　　　　表1

种别	成分	对混凝土的影响		用途及使用上的注意事项
		对混凝土表面的污染	对混凝土强度的影响	
肥皂水	脂肪酸金属盐	无	无	适宜小规模工程的木制模板浇筑混凝土时使用
油性系统（重油）脱模剂	矿物油	容易造成茶褐色的污染	无	价廉。易浮于模板上而造成混凝土表面拆模后的污染，因此不适宜在清水（原浆面）混凝土的场合使用。若欲用于清水混凝土的场合时，应待涂布于模板上达到某种干燥程度后才可使用
油性系列	以矿物油为原料配合各种添加剂而兑成的脱模剂	无	无	常用于土木、建筑工程，价格较廉
油性系统（高黏度）	特殊配合物	无	无	用于加气混凝土制品（ALC板等）的模板上
废油、轻油	添加脂肪酸	多少有茶褐色的污染	无	用于石棉板、PC板等混凝土制品的加工厂
合成树脂	聚氨酸环氧树脂，聚苯乙烯	无	无	用于胶合板的表面处理剂，在工程中常有与油性系列脱模剂并用的场合。价高，亦用于金属模的烧花加工用
同上	石油系列醇酸（Alkyd）系列	无	无	大多作为土木工程中金属模板的干燥型脱模剂使用
蜡	天然蜡、石蜡	无	无	用于土木工程及清水混凝土的场合。绒面的场合则使用乳胶化的制品

☆参照第053项

059 请说明与钢筋混凝土构造物有关的模板支撑内容

1. 模板支撑的定义

模板支撑依《日本劳动安全卫生法及施行令》中的定义为"由角材、斜撑、紧固件等所构成的,用于支撑混凝土建筑物楼板、梁等构件浇筑混凝土时所用模板的临时设备"。

2. 模板支撑的分类(按构造·材料分类)(表1)

模板支撑的分类　　　　　　　　　　　　　　　　　　表1

种类	名称(商品)	内容说明	规格、规则
钢管支撑式	• 钢管支撑 • 脚手架(施工架)用钢管	一般被用在模板支模的场合。是一种可自由伸缩的钢制支柱。支模时支撑的中间设有横杆及斜撑以抵抗水平力	• 日本劳动省构造规格 • 日本劳动安全卫生规则 • JIS A 8651 • 日本临时设施工业会认定标准
框架式	钢制框式脚手架	以主骨架、水平条件、斜撑(交叉拉杆)等所构成的钢管(框式)脚手架,支模、拆除容易,具有安全性、施工性及经济性等优点为其特征	• 日本劳动安全卫生规则 • JIS A 8651 • 日本临时设施工业会认定标准
拼装钢柱式	方形支柱	用于钢管支柱无法支承或楼层高度较高的场合。也有以单管组成柱子的形式或组合成格构状柱子来支撑的场合	
梁式	• 轻型桁架式支撑 • 重型桁架式支撑	此种支撑是用于板模下不得有太多支撑时的场合,它是以架设于梁侧模之间的支撑系统来支撑楼板的荷重	

3. 需向主管部门报备的模板支撑的规定(表2)

需向主管机关报备的模板支撑规模　　　　　　　　　　表2

	报备资料的提出	必须报备的诸条件	报备的内容
内容	有组装模板支撑的场合必须在工程开始的30天之前,向劳动省的命令中所规定的劳动标准监督署长提出报备资料	支撑高度在3.5m以上的场合(或有使用长度达3.9m高的特殊支撑,或以高3.4m的支撑作为辅助支撑的场合)	• 混凝土构筑物的概要 • 模板支撑的构造,材质,主要尺寸 • 模板支撑的存置时间
法令、规则	日本劳动安全卫生法第88条		• 日本劳动安全卫生规则第86条第20号样式

☆参照第135项

060 应如何防止模板倒塌呢？

防止模板倒塌的对策因使用时机不同而异。

（1）组模之时：由于支撑的组装数尚少，因此在组墙模、柱模、梁模之时除了应以支撑支承外尚应张设钢索或铁链补强。不能仅简单地以角木作为临时性的支撑（参照图1）。

（2）在组模完成之前：模板组装完成之后几乎不会有倒塌的情形发生，但要注意支撑与钢管紧固件的连接方法（参照图2）。另外，像竖向贯通层部分，由于上部无楼板因此应同上述（1）一样以支撑及钢索补强。

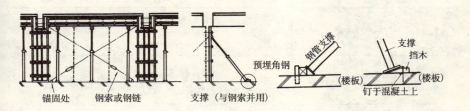

图1 防止组模中的模板倒塌的措施

图2 支撑与水平系件的连接方法

061 请说明模板的支模材料及其支模方法

1. 模板工程的相关规定

模板工程除依设计图的规定外，尚应依：①《日本建筑工程标准规范及编制说明：JASS 5 钢筋混凝土工程》（简称 JASS 5），以及②《日本劳动安全卫生规则》等法规的规定。

2. 模板的使用材料与支模方法（表1）

与模板的使用材料与支模方法有关的管理重点　　表1

管理项目	管理时机	检核方法	标准依据	其他
模板材料	支模前·全部	目视	胶合板：日本农林规格（混凝土模板用胶合板） 金属板：JIS A 8652	使用查核表
柱模、墙模的穿墙对拉螺柱间距	支模时·全部	钢卷尺	作业标准　纵：@600mm 以下 　　　　　　横：@600mm 以下	同上
梁的穿墙对拉螺柱间距	同上	同上	横：@600 以下	同上
柱模、梁模纵向角材的间隔	同上	同上	@360mm 以下	同上
板模、梁模的托梁、格栅的间隔	同上	同上	托梁　@1200mm 以下 格栅　@360mm 以下	同上
柱模、梁模支撑的间隔	同上	同上的目视	@1200mm 以下	同上
柱模、墙模下端与楼板之间的间隙	支模后·全部	目视	标准值为 3~5mm	同上
开口部的尺寸、位置	同上	钢卷尺	施工图　±3~±5mm	同上
无花卡簧	同上	目视	同上　@900mm 以下	同上

3. 组模精度

混凝土浇灌前模板的检核重点有：①柱模、墙模的组模精度（以铅锤、量尺测量）；②垂直面的平整精度（以水准线、钢丝线或量尺测量）；③楼板面的高程（以水准仪测量）。

上述组模重点管理目标值均为 ±5mm 以内，通常还以查核表及管理图来进行管理。
☆参照第 068，127 项

062 请说明浇灌时防止混凝土产生骨料离析、蜂窝、浇灌不实等缺陷的对策

1. 浇筑时间

浇筑时，浇筑时间的间隔越小越可达到混凝土一体化的境界。依 JASS 5 的规定，夏天应在 60min 以内，冬天应在 90min 以内持续进行浇灌作业。基于此，在拟定浇筑计划之时，对于泵车的配管以及单位时间的浇筑量等均应加以充分检查。

2. 浇筑混凝土的顺序与方法

进行垂直方向的混凝土的浇筑时，应使混凝土在高度 1~1.5m 以内掉落以避免骨料离析的情形发生。同时，在浇灌时应不时移动以避免混凝土成堆集中，并应以振动器充分加以振实。

进行混凝土的浇灌时，除了压送管以外应视场所的需要，在必要时采用溜槽或装混凝土用的漏斗来辅助混凝土的浇灌。

3. 浇灌完成后的对策

刚浇筑下去的混凝土多少会有骨料分离的倾向，同时空隙也较多，因此必须以振动器来捣实。在拟定浇筑计划时应依浇筑的效率来检查振动器的数量以及作业人员的配置。通常高频的小型振动器每小时的捣实量约为 $10m^3$/台左右，振动位置的间隔约为 60cm。

4. 其他注意点

除了上述的重点以外，尚应注意的有开口部周围模板的组模、配筋及浇筑混凝土的方法，混凝土的调配，混凝土的压送方法（配管方式、以起重臂架吊送的方式、以漏斗装送混凝土的方式等），作业人员的疲劳与效率等因素。

063 请说明由混凝土荷重产生的作用于模板上的侧压力的计算法

模板承受的外力有以下几种：
1. 组模时：风压等。
2. 浇筑混凝土时
   (1) 混凝土的自重（水平荷载）；
   (2) 作用于柱模、墙模上的混凝土荷重（侧压）；
   (3) 作业人员、振动器等所造成的作业荷重（垂直荷重）。

因此，组模时务必要使模板具有不会受到外力作用而产生倒塌、变形的构造。尤其是第（2）点的混凝土荷重（侧压）更需加以注意（参照表1）。

模板设计用的混凝土侧压（参考文献6） 表1

部位	浇灌速度（m/h） H（m）	10m/h 以下的场合		10~20m/h 以下的场合		20m/h 以上的场合
		1.5m 以下	1.5~4.0m 以下	2.0m 以下	2.0~4.0m 以下	4.0m 以上
柱		$W_0 H$	$1.5 W_0 + 0.6 W_0 \times (H-1.5)$	$W_0 H$	$2.0 W_0 + 0.8 W_0 \times (H-2.0)$	$W_0 H$
墙	长度 3m 以下的场合	$W_0 H$	$1.5 W_0 + 0.2 W_0 \times (H-1.5)$	$W_0 H$	$2.0 W_0 + 0.4 W_0 \times (H-2.0)$	$W_0 H$
	长度超过 3m 的场合		$1.5 W_0$		$2.0 W_0$	

注：H：尚未凝固的混凝土高度（m，在所求的侧压位置以上的混凝土高度）。
W_0：尚未凝固的混凝土的单位重量（t/m³）乘以重力加速度之值（kN/m³）。

又，模板的强度与刚度的计算应依混凝土作业在施工时的水平荷重与垂直荷重以及混凝土的侧压［上述(1)~(3)之值］的大小计算。

064 支模时如何才不会忘记预埋五金及套管

1. 预埋五金、套管作业的事前检核

应常用查核表来进行检核的工作（参照表 1）。

预埋五金、套管作业的查核表　　　　表 1

（工程名称）○○○工程 预埋五金、套管查核表			层数	工区	检查日期	所长等	主任	负责人	检查人
NO.	预埋五金及套管名称	有、无	施工图	现场		备注			
				确认	处置				
1	检查口								
2	换气口（天棚）						索引图		
3	空调用套管（墙）								
4	共用开口								
5	排水立管								
6	临时用锚座								
7	……								
8	……								

2. 套管安装时的查核重点

套管安装于 SRC 结构的梁时应注意的事项如图 1 所示。

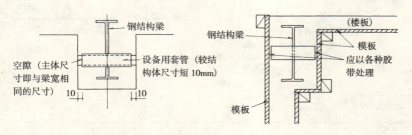

图 1　穿梁套管类的收头（SRC 结构的场合）

065 请扼要说明拆模作业顺序的重点

板模拆模的作业顺序　　　　　　　　　　　　　　　　　　　　表1

作业顺序、注意事项		内　容
楼板面的养护 ↓ 托梁、格栅、系件、支撑等构件的拆除 ↓ 加劲杆及模板的拆除 ↓ 钢钉、附着的灰浆等	○使用胶合板或保护膜进行养护时应注意不可伤及楼板 ○正确把握拆模顺序并依序进行拆模作业 　•注意拆除支撑的顺序 　•注意拆除托梁的方法（以长钢筋为工具） 　•注意拆除支撑的方法（以钢链为工具） 　•注意拆除格栅（或钢管）等的方法 ○对作业楼板面、支撑点的安全性加以确认 ○拆除后的材料应整齐地加以放置 　•与转用、移走等其他作业的关系（作业空间的确保） ○把握正确的拆模顺序并据以实施 　•注意拆除角材的方法（以长钢杆（BAR）为工具） 　•注意拆除模板的方法（以长钢杆（BAR）为工具，由中央处向两边拆除） ○对作业楼板面、支撑点的安全性加以确认 ○拆模后材料（角材、板材）的整理 ○应以正确方法清理或收集拆模后的材料 　•钢钉、附着的灰浆	○决定拼装模板支撑等作业的主任人员 ○应实施拆模时禁止非工作人员进入作业区的措施 （楼板）／钢管／托梁／将支撑拉斜／支撑／楼板养护／约1000 以钢链将支撑拉倒 → 支撑／楼板面的养护 与作业人员的距离应在 4000mm~5000mm 以上 板模／由板模的接头部分拆除／不可由此部位拆除／拆除后材料的整理／楼板面的养护

88

066 如何掌握模板材料的品质管理与检查作业

模板材料的品质管理与检查　　　　表1

项目	检查方法	时机、频率	判定标准	管理值及不符规定的处置方法
模板板材的规格、尺寸、数量、表面处理	目视，与进货单对照	搬入时，支模时	依发包内容	退回，更换
板材的保管方法	目视	随时	不可受到污染且不可受到太阳的直接照射	要有适当的保管方法，应以席、布等覆盖保护
钢管、支撑的规格、尺寸、数量	目视，与进货单对照	搬入时，保管时	依发包内容检查，不可有有害的弯曲变形	退货，更换
固（紧）结用五金零件	目视，确认其品质的标示	搬入时，组模中随时	厂商有无提供产品强度的保证资料或产品的实验证明的资料	退回，更换
模板内撑隔件，三角木条接缝条	目视，利用卷尺等测定尺寸	搬入时，组模中随时	依模板的施工要领书的规定。不可有不良品	退货，更换
脱模剂	依进货单的规定	货进到现场时	依发包内容的规定	退货，更换
再利用的板材	目视	组模中随时，清扫模板表面时	应充分清扫过。不可有会漏浆的孔洞。不可破损	再清扫，将会漏浆的孔洞补妥，破损处应予以补修妥当

067 合理的拆模时间是如何规定的

拆模时机应依表1及表2的规定。

模板的拆模时机　　　　　　　　　　　　　　　　　　表1

	使用的水泥种类	平均气温	规定	特别规定
JASS 5	早强硅酸盐水泥	20℃以上	确认混凝土的抗压强度已达到5MPa以上的场合（依据JASS 5 T-603的抗压强度试验的规定）	混凝土龄期　2天
		10℃以上		混凝土龄期　3天
	普通硅酸盐水泥 高炉水泥A种 火山灰质水泥A种 粉煤灰水泥A种	20℃以上		混凝土龄期　4天
		10℃以上未满20℃		混凝土龄期　6天
	高炉水泥B种 火山灰质水泥B种 粉煤灰水泥B种	20℃以上		混凝土龄期　5天
		10℃以上未满20℃		混凝土龄期　8天
日本建设省告示（1988.7.26修正）	基础、梁侧、柱以及墙壁			
	早强硅酸盐水泥	15℃以上	混凝土龄期　2天	确认混凝土的抗压强度已达到5MPa以上的场合
		5℃以上未满15℃	混凝土龄期　3天	
		未满5℃	混凝土龄期　5天	
	普通硅酸盐水泥 高炉水泥A种 火山灰质水泥A种 粉煤灰水泥A种	15℃以上	混凝土龄期　3天	
		5℃以上未满15℃	混凝土龄期　5天	
		未满5℃	混凝土龄期　8天	
	高炉水泥B种 火山灰质水泥B种 粉煤灰水泥B种	15℃以上	混凝土龄期　5天	
		5℃以上未满15℃	混凝土龄期　7天	
		未满5℃	混凝土龄期　10天	
	板下以及梁下			
	早强硅酸盐水泥	15℃以上	混凝土龄期　4天	
		5℃以上未满15℃	混凝土龄期　6天	
		未满5℃	混凝土龄期　10天	
	普通硅酸盐水泥 高炉水泥A种 火山灰质水泥A种 粉煤灰水泥A种	15℃以上	混凝土龄期　6天	
		5℃以上未满15℃	混凝土龄期　10天	
		未满5℃	混凝土龄期　16天	
	高炉水泥B种 火山灰质水泥B种 粉煤灰水泥B种	15℃以上	混凝土龄期　8天	
		5℃以上未满15℃	混凝土龄期　12天	
		15℃以上	混凝土龄期　18天	

5 模板工程

拆除模板支撑的时机　　　　　　表 2

	部位	使用水泥的种类	平均气温	规　定	特别规定
JASS 5	楼板下 梁下	早强硅酸盐水泥 普通硅酸盐水泥 高炉水泥 A 种、B 种 火山灰质水泥 A 种、B 种 粉煤灰水泥 A 种、B 种	20℃以上	确认混凝土的抗压强度已达到100%以上的场合（依据 JASS 5 T-603 的抗压强度试验的规定）	虽未满 100% 但经计算结果确认已达到安全要求时亦可拆除
			10℃以上 未满20℃		
日本建设省告示（1988.7.26 修正）	楼板下	早强硅酸盐水泥	15℃以上	混凝土龄期 8 天	经确认混凝土抗压强度已达设计标准强度的85%以上
			5℃以上 未满15℃	混凝土龄期 12 天	
			未满5℃	混凝土龄期 15 天	
		普通硅酸盐水泥 高炉水泥 A 种 火山灰质水泥 A 种 粉煤灰水泥 A 种	15℃以上	混凝土龄期 17 天	
			5℃以上 未满15℃	混凝土龄期 25 天	
			未满5℃	混凝土龄期 28 天	
		高炉水泥 B 种 火山灰质水泥 B 种 粉煤灰水泥 B 种	15℃以上	混凝土龄期 28 天	
			5℃以上 未满15℃		
			未满5℃		
	梁下	早强硅酸盐水泥 普通硅酸盐水泥 高炉水泥 A 种、B 种 火山灰质水泥 A 种、B 种 粉煤灰水泥 A 种、B 种	15℃以上	混凝土龄期 28 天	经确认混凝土已达设计标准强度的100%以上
			5℃以上 未满15℃		
			未满5℃		

☆参照第 127 项

068 请说明模板加工支模时的品质管理与检查方法

模板加工支模时的品质管理与检查的具体方法如表1所示（包括放样作业的管理与检查）。

模板加工支模时的品质管理与检查　　　　　　　表1

项　目		检查方法	检查时机、频率	管理值	超过管理值时的处理
放样	标准放样线标准标高	水准仪、经纬仪、专用钢卷尺	进行标准放样线的放样时	以±0为目标	重新放样
	支模位置的放样线	水准仪、经纬仪、量尺	放样时	±3mm	重新放样
加工·打底的尺寸		量尺	加工时	±3mm	修正
模板组装的位置		量尺	组装中随时以及组装后	±10mm 但保护层厚度应在容许误差内	修正
模板的垂直面精度		铅锤·量尺	组装中随时以及组装后	对支模位置的墨线而言为±5mm	修正
柱·梁断面尺寸		量尺	组装中随时以及组装后	-5mm ±10mm	修正
KT半PC板的高程		水准仪·直尺	组装中随时以及组装后	+5mm -10mm	调整KT半PC板的标高
梁、楼板模板的水平度		水准仪·直尺	组装后	+5mm -10mm	调整模板的水平度
配筋与混凝土保护层的关系		量尺 直尺	组装中随时以及组装后	应保证有规定的保护层厚度	以支撑、隔件插入模板内修正
漏浆的对策		目视	组装中随时以及组装后	不可有会造成漏浆的间隙存在	将间（孔）隙封闭修正模板

069 请说明模板工程品质管理作业程序的重点

依模板施工的流程对模板作业应有的品质管理的查核重点如图1所示。

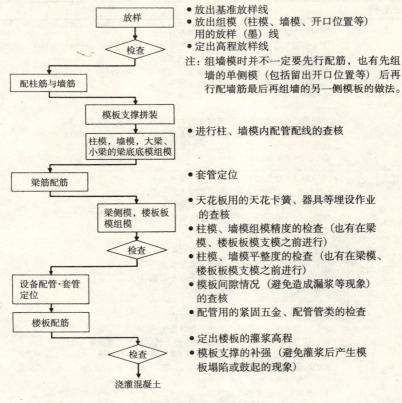

图1 模板工程的管理流程

070 请说明最近发展的模板工法

主要的楼板模板工法一览表　　　　　表1

工法分类	工法的特征	工法名称
格栅、托梁、支撑等的改良工法	• 主要的特征是在以轻型钢结构拼装而成的临时用桁架上直接铺设胶合板，或于桁架上先行组妥格栅再铺胶合板以形成楼板模板的工法。最近已有以铝制桁架取代轻型钢制桁架的工法出现。此种工法主要的特征为不需要传统的支撑	• 霍利梁（Holley beam）工法 • 贝可梁（Becco beam）工法 • 赖特梁（Wright beam）工法 • 阿尔马系列（Alma system）工法
	• 以槽形的压型钢板配合钢筋组成桁架而构成楼板的模板。此种工法与传统的胶合板模板工法不同的是作为楼板模用的压型钢板并不拆模，同时也不需设置支撑	• W式楼板工法 • 昭和式楼板工法 • NS式楼板工法 • 奥斯特（Ost）式楼板工法
楼板模板板材的改良工法（使用宽波纹钢板模板）	• 是一种以大型方槽形压型钢板作为楼板模板（不拆模），具有力化与缩短工期效益的一种楼板模板。最近使用中较为普及的是一种上面为平面下面呈一纺缍型肋骨构造的压型钢板	• 宽波纹钢板工法 • 法布板面（Fab deck）工法
板筋的改良工法（板筋与钢板并用）	• 在工厂将板筋与钢板制成一体化的模板（使用后不拆模），并在施工现场组装完成的一种楼板模板工法。在适当的跨度下可不必架设模板支撑，但通常的情况下要架设支撑	• 复合楼板工法
楼板混凝土的改良工法（KT半PC板）	• 以厚度50~65mm左右（约为楼板厚度的一半）的混凝土板与钢筋所编成的立体桁架构成一片PC板作为楼板的模板用的一种工法。由于后续尚有PC板上部的另外一半楼板厚度的配筋及混凝土的浇灌等作业，因此需要架设支撑以承担此作业所产生的重量。此种工法也有以发泡聚苯乙烯（Ploy-styrene）来制成PC板的工法以及将预应力导入PC板以期不用架设支撑的NS半预铸板工法	• 半预制板工法 • 凯译板（Kaiser slab）工法 • 爱斯雷恩（Eslen）多孔楼板工法 • NS半预制板工法
	• 以在现场制作，附有插销，长度为一个跨度的大型预制PC板作为楼板模板的工法。与上述KT半PC板一样必需要架设支撑配合施工	• PICOS工法
	• 以预应力的方法制成楼板模板的一种工法。采用高强度混凝土（40MPa左右），以PC钢绞线导入预应力经加热养护后形成的中空平板，也有将此种预应力板做成浪形并在肋骨部分配置钢丝的异型薄板（FC板）	• 中空混凝土楼板工法 • FC板工法

5 模板工程

图1 奥斯特(Ost)楼板工法

图2 爱斯雷恩(Eslen)多孔楼板工法

图3 中空混凝土楼板工法

071 墙模构造如何检查？

如图 1 所示的墙模其具体的检核顺序如下述。

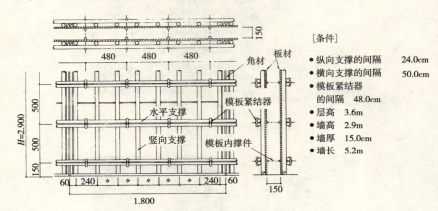

[条件]
- 纵向支撑的间隔　24.0cm
- 横向支撑的间隔　50.0cm
- 模板紧结器的间隔　48.0cm
- 层高　3.6m
- 墙高　2.9m
- 墙厚　15.0cm
- 墙长　5.2m

图 1　墙模施工图

荷重计算

(1) 混凝土浇筑速度：一般为 10~50m/h，在此以 15m/h 计之
(2) 尚未凝固的混凝土高度及单位体积重量：尚未凝固的混凝土，H 为墙的高度，$H = 2.9$m。混凝土采用普通混凝土，单位体积重量 W_0 为 2.3t/m³
(3) 壁长与最大侧压：可由 JASS 5《设计模板用的混凝土侧压》中的表求得（参照第 063 项的表 1）
墙长 5.2m，混凝土的浇灌速度为 15m/h。因此最大侧压 P 为：$P = 2.0 \cdot W_0 = 2.0 \times 2.3 = 4.6$t/m² （0.46kg/cm²）

模板的验算

- 模板：采用胶合板（厚12mm，900×1800）
  单位容许弯曲应力 $f_b = 240$kg/cm²
  杨氏模量 $E = 7.0 \times 10^4$ kg/cm²
  截面惯性矩 $I = \dfrac{bh^3}{12} = \dfrac{1.0 \times (1.2)^3}{12} = 0.144$cm⁴
  抗弯截面模量 $Z = \dfrac{bh^2}{6} = \dfrac{1.0 \times (1.2)^2}{6} = 0.24$cm³

(1) 对弯矩的验算　$M\max = \dfrac{1}{8} wl^2 = \dfrac{1}{8} \times 0.46$kg/cm² $\times (24.0)^2$
最大弯矩　　≈33.2kg·cm　纵向支撑的间隔
单位弯矩 σ_b
$\sigma_b = \dfrac{M\max}{Z} = \dfrac{33.2 \text{kg} \cdot \text{cm}}{0.24 \text{cm}^3} = 138$kg/cm²

$\sigma_b / f_b = \dfrac{138 \text{kg/cm}^2}{240 \text{kg/cm}^2} = 0.575 < 1.0$ 　<u>OK</u>

5 模板工程

（2）变形的验算

容许变形量为 0.3cm 由简支梁公式可得

$$\sigma\max = \frac{5\omega l^4}{384EI} = \frac{5 \times 0.46 \text{kg/cm} \times (24.0\text{cm})^4}{384 \times 7 \times 10^4 \text{kg/cm}^2 \times 0.144\text{cm}^4}$$

$$= 0.198 < 0.3\text{cm} \quad \underline{OK}$$

纵向支撑的验算

- 纵向支撑：钢管 $\phi 48.6 \times 2.4$（第 3 种 STK 51）
  截面惯性矩 $I = 9.32\text{cm}^4$
  抗弯截面模量 $Z = 3.83\text{cm}^3$
  单位容许弯曲应力 $f_b = 2400\text{kg/cm}^2$
  杨氏模量 $E = 2.1 \times 10^6 \text{kg/cm}^2$
  验算纵向支撑时应先决定横向支撑的间隔。本例横向支撑的间隔 $l = 50\text{cm}$，因此作用于纵向支撑的荷重 w 为，

$$w = 0.46\text{kg/cm}^2 \times 24.0\text{cm} \approx 11.1\text{kg/cm}$$

   ↑   ↑
  混凝土侧压 纵向支撑的间隔

（1）弯矩验算

最大弯矩 $M\max$ 可由简支梁的均布荷重公式求得

$$M\max = \frac{1}{8}wl^2 = \frac{1}{8} \times 11.1\text{kg/cm} \times (50\text{cm})^2$$

$$\approx 3469\text{kg}\cdot\text{cm}$$

$$\sigma_b = \frac{M\max}{Z} = \frac{3469\text{kg}\cdot\text{cm}}{3.83\text{cm}^3} \approx 906\text{kg/cm}^2$$

$$\sigma_b/f_b = \frac{906\text{kg/cm}^2}{2400\text{kg/cm}^2} \approx 0.83 < 1.0 \quad \underline{OK}$$

（2）挠度验算

可由简支梁的公式求得

$$\sigma\max = \frac{5wl^4}{384EI} = \frac{5 \times 11.1\text{kg/cm} \times (50\text{cm})^4}{384 \times 2.1 \times 10^6 \text{kg/cm}^2 \times 9.32\text{cm}^4} \approx 0.046 < 0.3\text{cm}$$

$\underline{OK}$

横向支撑的验算

- 与纵向支撑相同
  作用于横向支撑的荷重 w 为

$$w = 0.46\text{kg/cm}^2 \times 50\text{cm} = 23\text{kg/cm}$$

   ↑   ↑
  混凝土侧压 横向支撑的间隔

（1）弯矩验算

$$M\max = \frac{1}{8}wl^2 = \frac{1}{8} \times 23\text{kg/cm} \times (48\text{cm})^2$$

$$\approx 6624\text{kg}\cdot\text{cm}$$

$$\sigma_b = \frac{M\max}{Z} = \frac{6.624\text{kg}\cdot\text{cm}}{2 \times 3.83\text{cm}^3} \approx 865\text{kg/cm}^2$$

     ↑
    两根钢管

$$\sigma_b/f_b = \frac{865\text{kg/cm}^2}{2400\text{kg/cm}^2} = 0.36 < 1.0 \quad \underline{OK}$$

模板紧结器
(Form-tie) 验算

(2) 挠度验算

$$\sigma \max = \frac{5wl^4}{384EI}$$

$$= \frac{5 \times 23 \text{kg/cm} \times (48 \text{cm})^4}{384 \times 2.1 \times 10^6 \text{kg/cm}^2 \times 2 \times 9.32 \text{cm}^4}$$

↑
2 根钢管

$\approx 0.041 \text{cm} < 0.3 \text{cm}$　OK

- 模板紧结器：采用 $w5/16$ 型号的模板内撑材，在日本通常称为 2 分 5 厘。模板紧结器在混凝土中因混凝土侧向压力的影响而会产生拉力，其与容许抗拉强度 Ft 的关系验算如下。

一根模板紧结器所承担的面积与混凝土侧压的关系如下式所述

$A = (24+24) \text{cm} \times (25+25) \text{cm} = 2400 \text{cm}^2$
　　　　↑　　　　　　↑
　　　横方向的　　　纵方向的
　　　模板紧结器　　模板紧结器

$T = 0.46 \text{kg/cm}^2 \times 2400 \text{cm}^2 = 1104 \text{kg/根}$

因此，$\dfrac{T}{Ft} = \dfrac{(1104 \text{kg/根})}{1400 \text{kg/根}} \approx 0.79 < 1.0$　OK

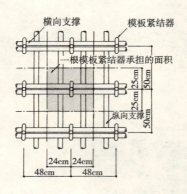

模板紧结器的机械性质

断面为圆形的模板内撑件种类	称呼	有效截面面积 (mm^2)	抗拉强度 (kg/根)	抗拉强度 (kg/根)	破断处
W5/16	2分5厘	34.0	2000	1400	断面为圆形的模板内撑件螺纹部
W/3/8	3分	50.3	3000	2100	▲
W/1/2	4分	89.4	4000	2800	▲
高强模板内撑件 (W3/8)	高强模板内撑件	50.3	4500	3500	模板内撑材的螺纹部

注：记号▲表示破断处为模板紧结器或模板内撑件的轴部，以及模板内撑件的螺纹部等位置。

有效断面积为有效直径与公螺纹谷径和的平均值（参照 JIS 的规定）

$1 \text{kg/cm}^2 = 0.1 \text{MPa}$

混凝土工程

072 混凝土的种类有哪些？

在日本建筑学会的《建筑工程标准规范及编制说明：JASS 5 钢筋混凝土工程，1986 年修订》（简称为 JASS 5）中所规定的混凝土的种类如表 1 所示。在拟定施工计划或品质管理计划时，对于表 1 所示的混凝土应明确地将其用途（可用在建筑物的何部位）以及什么时候使用等限制记载于说明书内。

使用表 1 所示混凝土时的各种规定（材料，配比，制造，搬运以及浇筑、捣实，品质管理与检查等），在 JASS 5 的第 14 节～第 29 节中均有详细的说明。另外，除 JASS 5 中所规定的混凝土种类以外尚有其他的特殊混凝土如表 2 所示。在此将流动化混凝土的特性另列一表以供参考。

JASS 5 中规定的混凝土的种类　　　　　　　表 1

分类（区分）	主要的混凝土名称
1. 依使用骨料区分	普通混凝土，轻质混凝土第 1 种，轻质混凝土第 2 种
2. 依使用材料区分	轻质混凝土，无筋混凝土，流动化混凝土
3. 依施工条件区分	冬季混凝土，夏季混凝土，大体积混凝土，水中混凝土
4. 依要求性能分	高流动性混凝土，高强度混凝土，防水混凝土，耐碱性混凝土，耐冻性混凝土，防射线混凝土，简易混凝土

参考：流动化混凝土的特性与用途

名　称	特　性	主要用途
流动化混凝土	• 压缩强度，干燥收缩与耐久性等性能与基础用混凝土同 • 坍落度随时间降落的快 • 泌水现象少	• 减少干燥收缩的现象 • 改善混凝土工程的施工性 • 防止混凝土的耐久性降低

6 混凝土工程

特殊混凝土的特性与用途　　　　表2

名　　称	特　　性	主要用途
膨胀性混凝土	• 密度在 3.0～3.14 之间 • 细度为 2500～3900cm^2/g • 比硅酸盐水泥容易风化 （膨胀剂：具钙钒石 Ettringite 系列与石灰系列的特性）	• 可降低干燥收缩现象 • 可作为化学方式预加应力（Chemical Prestressing）的工具 • 作为水泥砂浆的原料
缓凝混凝土	• 缓凝剂密度为 1.17，pH 值为 10 的液体 • 由于凝结时间可依需要延长，因此不管浇筑混凝土的间隔时间多久均可保持混凝土应有的水密性以及耐久性	• 可保证施工缝的品质 • 可作为混凝土长距离运输的缓凝剂 • 可减低大体积混凝土的水化热以及可防止因水化热的因素而产生的龟裂现象 • 适用于洗石子之类的场合
聚合水泥混凝土 （Polymer Concrete）	• 可提高未固结时的稠度而使混凝土有良好的工作度。同时，因为混凝土中聚合水泥（Polymer Cement）的比率增加，因此使得此种混凝土的硬化有延缓的倾向 • 硬化后可获得骨料经过强化结合的组织构造。同时与普通混凝土相比强度较高，干燥收缩现象减少，水密性、耐磨性、耐久性等均有所提高	• 可用于耐蚀构造 • 可用于屋顶层的楼板而达到防水的要求 • 可用于道路铺面 • 具耐振性
聚合物浸渍 （Polymer） 的混凝土	• 经发现浸泡聚合物的混凝土与树脂混凝土一样具有同程度以上的高强度 • 可提高水密性也可提高耐冻性与耐溶解性 • 可提高耐药性	• 用于预制混凝土制品 • 经浸泡过的构件可提高水密性、耐药性、耐磨耗性 • 可达到表面硬化的目的
树脂（Resin） 混凝土	• 在未凝固状态时其工作度与水泥混凝土相比相当不良。但可借由控制凝结时间以达到速硬性的要求 • 硬化后具有优良的水密性，高强度，粘结性，耐药性，耐磨耗性以及绝缘性等特性	• 用于预制混凝土制品 • 用于需速硬性、高强度、高水密性等性能的部位

☆参照第 127 项

073 何谓高强混凝土？

1. 高强度混凝土的定义

就普通混凝土而言其设计标准强度在 $36N/mm^2$ 以上，就轻质混凝土而言其设计标准强度在 $42N/mm^2$ 以上的混凝土。

2. 高强度混凝土施工上的注意点（详见 JASS 5）

兹就其与普通混凝土在施工上较大的不同点加以说明如下。

（1）材料：①水泥的种类依规定。无规定时可使用普通硅酸盐水泥（JIS R 5210），高炉水泥 A 种·B 种（JIS R 5211），粉煤灰水泥 A 种·B 种（JIS R 5213）。②骨料依特殊的规定，当无特殊规定时，使用砂、砾、碎石，作为混凝土可得到规定的抗压强度及弹性模量的骨料。

（2）配比条件：按试拌情况而定，但其标准数值如下：①单位用水量 $175kg/m^3$ 以下（视具体条件也可 $185kg/m^3$ 以下）；②单位水泥用量尽可能少；③单位粗骨料量尽可能多；④含气量当担心冻害时为 4.5%，否则为 2.0% 以下；⑤氯化物含量作为氯离子量为 $0.20kg/m^3$ 以下；⑥水灰比 50% 以下。

（3）制造：施工人员在工程之前应事先编制混凝土制造及生产管理的计划书。

（4）施工：①一层量的浇注厚度及速度在考虑和易性及配筋状况等之后定在可充分振捣的范围之内；②自由抛料高度定在混凝土不产生离析的范围之内；③振捣与普通的混凝土相同，除此之外还要设定振捣器的插入位置、间距及时间等的标准。

（5）养护：为了防止产生塑性收缩裂缝，要在混凝土表面采取防护措施。

（6）模板：模板的拆模时间要确认混凝土的抗压强度为 $8N/mm^2$ 以上时可拆模。

（7）质量管理及检查：①抗压强度的试验次数视每一混凝土的浇灌区域、每一浇灌日且每 $100m^3$ 或其每一尾数试验一次；②新浇混凝土的试验（省略）；③抗压强度的判定（省略）。

6 混凝土工程

074 何谓流动化混凝土？

1. 使用流动化混凝土的目的

（1）改善施工性（工作度）

（2）减少单位水泥量

（3）减少单位水量

第（2），（3）两种流动化混凝土的目的具有防止龟裂的效果。通常混凝土的单位水泥量约减少 $10kg/m^3$，温度约降低 1℃。

2. 市售的流动化剂（表1）

市面上主要的流动化剂　　　　　　　表1

商品名称	主要成分	作用·效果	使用量*	制造（贩卖）公司
强力型（mighty）FD	奈磺酸盐（Naphthalene Sulfonate）甲醛水溶液（福尔马林 Formailin）冷凝缩物	促进流动化，恢复稠度或减少稠度的降低	0.07%	花王石碱
山阳流化剂 FB	奈磺酸盐（Naphthalene Sulfonate）与木质素（Lignin）酸的缩合物	促进流动化，恢复稠度或减少稠度的降低	0.05%	山阳国策纸浆
high fluid	烷基奈磺酸盐（Alkyd Naphthalene）	促进流动化，恢复稠度或减少稠度的降低	0.06%	竹本油脂
high fluid R	烷基奈磺酸盐（Alkyd Naphthalene）	促进流动化，恢复稠度或减少稠度的降低	0.06%	竹本油脂
NP-10	奈磺酸系化合物	促进流动化，恢复稠度或减少稠度的降低	0.06%	日曹 master builder（Pozzolish 物产）
NP-20	三聚氰铵酸（Melamine Sulfonate）系复合物	促进流动化，恢复稠度或减少稠度的降低	0.12%	日曹 master builder（Pozzolish 物产）
FC-1075	奈磺酸盐（Naphthalene Sulfonate）与羟酸的缩合物	促进流动化，恢复稠度或减少稠度的降低	0.06%	藤泽药品工业
电气化学 FT-80	烷基芳基磺酸（Alkyd Sulfourous）	促进流动化，恢复稠度或减少稠度的降低	0.08%	电气化学工业
Seeker mentor	烷基芳基磺酸（Oligo Alkyd Sulfourous）	促进流动化，恢复稠度或减少稠度的降低	0.1%	日本 Seeker
RiglacF		促进流动化，恢复稠度或减少稠度的降低		福井化学工业
Work 500	聚碳酸盐（Polycarbonate）系水溶聚合物（Polymer）	促进流动化，恢复稠度或减少稠度的降低	0.035%	日本 Geon（兼松建材）

* 表示就水泥重量而言，坍落度每增加 1cm 时所必须增加的标准使用量。

☆参照第 127 项

075 请说明冬季低温时浇筑混凝土作业的相关事宜

1. 基本对策（应预先就了解的基本注意事项）

（1）冬季混凝土施工期间各地区都有特殊规定，对于浇筑混凝土至28天前的外界气温所求的累积温度 M 取 370°D·D 以下（JASS 5）。

（2）混凝土浇筑中以及浇筑完成后的初期（初凝）阶段应防止混凝土产生冻结现象。

（3）养护阶段不可使混凝土因受冻结、融解作用而发生强度、耐久性降低的现象。

（4）对施工中可能会产生荷重的场合应确保安全性。

2. 具体对策（表1）

在冬天浇筑混凝土时应注意的事情　　　　　　　　　表1

生产过程	注意事项（对策）
配比 （商品混凝土工厂）	• 配比强度要依据配比强度（JASS 5 5.2）的方法或者以结构体混凝土的累积温度为基础所规定的方法来决定 • 经标准养护的混凝土的龄期28天的抗压强度为 24N/mm² 以上。 • 尽量减少单位用水量
制造 （商品混凝土工厂）	• 材料的加热应以水的加热为标准 • 当使用已加热的材料时，在投入水泥之前的搅拌机内的骨料及水的温度应低于40℃
浇灌时 （现场）	• 不可在已结冰的地盘上进行浇灌作业（应事先以席、布等对地盘加以养护，以避免地盘结冰） • 浇筑混凝土的时机应选择在可获得太阳照射热量的白天进行（早上9时左右~下午3时左右） • 应以席、布等遮挡寒风，并以毛毯、破布等包覆泵送管（在极寒地区必须在进行浇灌作业时采取隔热、架设保温棚等的措施） • 施工缝处新旧混凝土浇筑的交接处，先浇灌完成的混凝土应避免产生冻结的现象，如有冻结现象发生时应使其融化后再继续进行浇灌作业
初期养护 （现场）	• 应依气温、配比条件的需要采取隔热保温的养护或加热保温的养护措施（依JASS 5 的规定：不可使混凝土的任何部分承受0℃以下的温度） • 初期养护应养护到混凝土的抗压强度达到 5N/mm² 为止，其后2~3天的时间亦应以席、布等继续加以覆盖养护

076 请说明夏季高温时浇筑混凝土作业的相关事宜

1. 基本对策（应预先就了解的基本的注意事项）

（1）夏季混凝土的适用温度通常为25℃以上的平均气温。

（2）在浇筑混凝土时应注意并控制因促进凝结的现象所产生的冷缝（Cold Joint）现象。

（3）高温下进行浇筑混凝土作业时，在浇筑完成后的初期阶段应注意不可产生龟裂的现象。

（4）高温下进行浇筑混凝土作业时应注意不可使混凝土的长期强度产生降低。

2. 具体对策（表1）

夏季时浇筑混凝土应注意的事项　　表1

生产过程	注意点（对策）
配比 （商品混凝土工厂）	● 不可使用高温的水泥，同时应尽量使用低温的骨料与水 ● 视情况的需要可使用 AE 剂，AE 减水剂等以改善混凝土的性质，使用 AE 减水剂时应使用缓凝剂 ● 施工前应事先进行混凝土的拌合试验
制造 （商品混凝土工厂）	● 应决定搬运的时间以期预拌车到达现场后所预拌的混凝土在进行浇灌时可以得到所需的温度（35℃以下） ● 预拌混凝土车到达现场进行混凝土浇灌作业时，其混凝土的温度应在35℃以下
搬运 （由商品混凝土工厂到现场）	● 拟定搬运计划时应配合气象条件及施工条件（配车计划，配管的养护，休息时间等的问题）加以详细规划
浇筑混凝土时 （工地现场）	● 浇筑混凝土时应对与混凝土接触的部分（已浇灌完成的混凝土部分，模板等）加以养护以降低其温度，防止在高温的情况下与混凝土接触 ● 为防止已浇灌完成的混凝土面产生急剧的干燥现象，应对已浇灌完成的混凝土部分浇水（但应避免过分的喷射，以防混凝土表面受到损伤） ● 拟定发车计划、混凝土的浇灌计划时应尽可能缩短预拌混凝土车的等待时间 ● 尽量减少输送混凝土用的配管的拆、装时间，并避免输送混凝土用的配管受到太阳的直射 ● 拟定混凝土的浇灌计划时应避免混凝土的浇灌作业在休息时间中断（必须中断时应适时开动泵以避免输送管内的混凝土凝固）
养护 （现场）	● 混凝土浇灌完成后应防止混凝土内的水分急剧蒸发以及防止因太阳的照射而造成混凝土温度的上升。具体的防止方法如下述： （1）抹平或浇灌完成后马上以湿润的席、布盖住混凝土的表面保护 （2）以含有湿气的麻布或草席保持 （3）以聚乙烯（Polyethylene）布或塑胶布保护 （4）抹平或浇灌完成后洒水湿润，洒水时不可使表面的水泥浆流失。同时，洒水时不可洒洒停停而造成混凝土表面产生反覆干燥、湿润的现象

077 请说明用于停车场出入口坡道的真空混凝土的相关事宜

真空混凝土工法的概要　　　　　　　　　　表1

项目	内容（解说）
使用目的 使用部位	● 在混凝土浇灌完成之际马上在其表面铺上真空席，以真空泵将混凝土中的剩余水分吸除的一种工法 ● 采用此种工法的目的在于： 　①增加混凝土的强度 　②减少干燥收缩的现象 　③提高耐磨性 　④防止混凝土表面的初期冻害 　⑤达到混凝土表面处理的省力化要求 ● 采用本工法的场所、部位如下述： 　①工厂、仓库的地板（提高耐磨性） 　②停车场的地板（提高耐磨性） 　③达到早期脱模的要求（增加混凝土的强度）
特征	● 降低水灰比，增加强度（单位水量约减少20%，强度约增加30%左右） ● 提高耐磨性（增加混凝土的表面强度） ● 降低干燥收缩的程度（约降低30%） ● 因为真空处理的结果，混凝土表面会产生下陷的现象（下陷的程度因水灰比的不同而异，大致上下陷的程度约为楼板厚度的2%左右） ● 真空处理后可以马上进行表面处理（真空处理时间为60~100s/楼板每厚10mm）
配比	● 水灰比的范围为40%~60% ● 配比因使用场所而异，坍落度应为12~18cm（用于停车场铺面的混凝土坍落度约12cm，一般建筑用混凝土的坍落度约为18cm左右） ● 所使用的混凝土若为夏季混凝土时应使用缓凝剂
施工上的 注意点	● 对于浇灌区划，浇灌顺序，作业顺序应充分加以检查 ● 对于浇筑混凝土作业人员、真空处理人员，表面处理作业人员的规划应充分地加以检查 ● 要注意真空度与真空处理时间的管理（真空度应在70%以上，真空处理时间应在混凝土浇灌完成后约60min内进行） ● 楼板面需进行表面处理的场合，自真空处理完成到表面处理为止所需的时间依气象条件及楼板厚度而定（夏天时约为2h左右，冬天时约为4h左右）

078 请说明混凝土用的掺合料及其特征

混凝土用的混合物有掺合料与外加剂两大类。其特征如表1所示。

混凝土用的掺合料与外加剂的比较　　　　　　　　　表1

	材料名称	材料状态	使用量	使用方法	无机材料或有机材料	与水泥的反应
掺合料	粉煤灰,高炉废渣粉末,膨胀材料	一般常呈微粉末状态	通常使用量为水泥重量的百分之几以上(多量)	一般含于水泥量中计算,故单位水泥量会因此而有所变化	一般为无机系列材料	一般与水泥呈水化反应
外加剂	AE剂,减水剂,AE减水剂,流动化剂,防锈剂	液体或粉状,粉状时需以水稀释使用	一般的使用量为水泥重量的1%以下(少量)	一般与水泥重量分开计算,因此单位水泥量不会因外加剂使用量的多少而改变	一般为有机系列材料。防锈剂的主要材料为无机系列材料,防水剂的主要材料则是有机与无机两种系列都有	可与水泥水合物产生某种反应

代表性的混合物(掺合料与外加剂)的名称与规格及其特征如表2所示。

代表性的掺合料与外加剂的特征　　　　　　　　　表2

	材料名称	规格等	特征、内容
掺合料	粉煤灰	JIS A 6201	用于大体积混凝土等的场合
	膨胀材料	JIS A 6202	可减少混凝土干燥收缩、龟裂等现象的发生
外加剂 表面活性剂	AE剂	JIS A 6204	可改变混凝土的施工性(减少骨料离析,泌水,浮浆等现象)
	减水剂	JIS A 6204	标准型:可增加对钢筋的握裹力,不易造成混凝土与钢筋分离的现象;缓凝型:可延迟混凝土的凝结时间,适用于大体积混凝土的场合;早强型:可促进混凝土提早达到设计强度,常用于冬季混凝土的施工
	AE减水剂	JIS A 6204	为调配AE剂与减水剂性质的材料,为通常使用的外加剂,又分为标准型、缓凝型、早强型等三种
外加剂 其他	流动化剂	JASS 5 T-402(日本建筑学会《流动化混凝土施工指南》的规定)	可与AE剂及减水剂并用,规定中分有标准型与缓凝型;预拌混凝土场合将掺有流动化剂的混凝土归类为特别订购品与规格外产品。通常流动化剂都是在卸货地点掺入混凝土中,加入后宜在15~30min内进行浇筑
	防锈剂	JIS A 6205 JASS 5	用于使用海砂为细骨料的混凝土(依JASS 5的规定,盐分的含有量应在0.04%以下)

☆参照第127项

079 请说明预拌混凝土的规定强度

在设有混凝土制造设备的工厂生产并在混凝土未固结状态下进行搬运作业的混凝土称为预拌（商品）混凝土。

依据 JIS A 5308《预拌混凝土》中对其强度品质的区分的表示方式为"标称强度"即商品混凝土的强度标准。预拌混凝土标称强度值（参照表 1 及表 2）是在水中进行龄期 28 天养护后的抗压强度。

预拌混凝土的种类（1995 年 3 月 31 日以前适用） 表 1

混凝土的种类	粗骨料的最大粒径（mm）	坍落度（cm）	标称强度（kgf/cm²）											弯曲强度45
			160	180	195	210	225	240	255	270	300	350	400	
普通混凝土	20, 25	5	○注	—	—	—	—	—	—	—	—	—	—	—
		8, 10, 12	—	○	—	○	○	○	○	○	○	○	○	—
		15, 18	—	—	—	○	○	○	○	○	○	○	○	—
		21	—	—	—	—	—	○	○	○	○	○	○	—
	40	5	○	—	—	—	—	—	—	—	—	—	—	—
		8	—	—	○注	—	—	—	—	—	—	—	—	—
		12, 15	○	—	—	—	—	—	—	—	—	—	—	—
		18	—	—	—	—	—	—	—	—	○注	—	—	—
轻质混凝土	15, 20	8, 12, 15, 18, 21	—	○	—	○	○	○	○	○	○	—	—	—
道路用混凝土	40	2, 5, 6, 5*	—	—	—	—	—	—	—	—	—	—	—	○

注：1995 年 4 月 1 日废止。

预拌混凝土的种类（1995 年 4 月 1 日开始适用） 表 2

混凝土的种类	粗骨料的最大粒径（mm）	坍落度（cm）	标称强度（MPa）											弯曲强度4.5
			16	18	19.5	21	22.5	24	25.5	27	30	35	40	
普通混凝土	20, 25	5	—	—	—	—	—	—	—	—	—	—	—	—
		8, 10, 12	○	○	—	○	○	○	○	○	○	○	○	—
		15, 18	—	○	—	○	○	○	○	○	○	○	○	—
		21	—	—	—	—	—	○	○	○	○	○	○	—
	40	5	—	—	—	—	—	—	—	—	—	—	—	—
		8	—	—	—	—	—	—	—	—	—	—	—	—
		12, 15	—	—	—	—	—	—	—	—	—	—	—	—
		18	—	—	—	—	—	—	—	—	—	—	—	—
轻质混凝土	15, 20	8, 12, 15, 18, 21	—	○	—	○	○	○	○	○	○	—	—	—
道路用混凝土	40	2, 5, 6, 5*	—	—	—	—	—	—	—	—	—	—	—	○

---

* 原书似有误。——编者注

6 混凝土工程

080 选定预拌混凝土厂商并与之订立契约的过程中,现场管理者应注意哪些事情?

1. 选择预拌混凝土工厂应考虑的条件

(1) 应尽可能选择接近工程现场的工厂。距离以运送时间在 30min～1h 左右为宜。

(2) 应选择制造能力（拌合能力：每单位时间的混凝土生产量）与运输能力（罐车的台数）适当的预拌混凝土工厂。

(3) 符合 JIS 标准或获有 JIS 标记的工厂。

(4) 有常驻技术人员（建筑师，技术员，土木施工管理工程师，混凝土主任工程师以及混凝土工程师等）。

2. 与预拌混凝土工厂签约前的检查事项（参照图1）

选定预拌混凝土工厂时业主必会在现场或预拌混凝土厂商的经销店与经销商经过多次的协商。因此，在与工地现场负责混凝土工程的人设定所需的条件之后，经销商的负责人会选择符合此等条件的预拌混凝土工厂，并请该预拌混凝土工厂的人员与工地现场负责混凝土工程的人员进行协商。

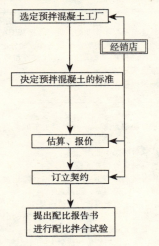

(不适宜的预拌混凝土工厂的情况)
- 预拌混凝土的供给能力不符现场浇筑混凝土需要量的要求（现场浇筑混凝土时等待时间过长，由多个工厂供给，责任不明确）
- 预拌混凝土的品质不符规定
- 与预拌混凝土工厂的联络无法顺利进行

(提供给预拌混凝土工厂的产品规格要求不明确的情况)
- 预拌混凝土品质的内容不明确时会产生如下的困扰：厂商无法制造，厂商无法报价，厂商对品质无法保证等
- 甚至会因为内容不明确而造成责任范围不明确

(因为契约条件、内容的不明确而导致厂商没有提供足够的资料)
- 没有拟定预拌混凝土厂的出货计划
- 没有提出配比计划书
- 由于契约条件、内容不明确导致衍生出必须补充契约内容或局部变更契约等情形所造成后续费用上的纷争与困扰

图1 从选定预拌混凝土厂到订立购买预拌混凝土契约为止的流程

081 进行混凝土浇灌作业前有哪些准备作业？

与浇筑混凝土作业有关的各种准备与安排事宜　　　　表1

	浇筑混凝土前	浇筑混凝土当天 （从浇灌作业开始前的安排到浇灌完成为止）
预拌混凝土工厂	• 浇筑混凝土的时间（包含开始浇灌的时间） • 混凝土的配比（混凝土的种类，规定强度，粗骨料的尺寸，坍落度，温度的修正等） • 浇灌数量（应依配比的不同分别计算） • 每小时的出车数（一台预拌混凝土车通常为 $5.0 \sim 5.5 m^3$） • 有无需要供给水泥砂浆（水泥砂浆是在开始浇灌前润滑泵车的混凝土输送管用，此等水泥砂浆有时业主会要现场人员自行调配）	• 混凝土开始浇灌时间的联络（包括有无包括水泥砂浆在内的联络） • 每小时的出车数以及浇灌数量（决定预拌混凝土车的台数） • 混凝土配比的再确认 • 建立与预拌混凝土工厂的严密联络系统 • 浇灌作业完成之前的联络事宜（如确定尚需出车的台数，告知最后一台车的预拌混凝土量等）
泵车	• 泵车的车种〔有无附吊杆，活塞式或挤压式等〕 • 泵车的台数 • 浇筑混凝土的日期及浇灌当天的开始时间 • 浇灌数量 • 浇灌位置、部位	• 确认泵车到达现场的时刻 • 确认要浇筑混凝土的位置、部位 • 指示泵车的设置位置（包括组装、配管等时间的确认）
浇筑混凝土作业人员	• 决定必要的混凝土浇灌作业人员 • 混凝土浇灌方法（顺序、分区等）的决定 • 作业分担的规划 • 浇灌位置、部位 • （楼板有整体抹灰的要求时）抹灰工的安排	• 确认浇筑混凝土作业的人员（含抹灰工在内） • 协商、指示浇灌位置、部位与作业的分配 • 机械类的使用（振动机、高压清洗机等）与浇灌完成后的整理 • 钢筋模板等事前的养护作业
其他	• 决定泵车、预拌混凝土车的设置位置（也包括商品混凝土运输车的出入路线） • 确保作业用通路的顺畅（避免造成浇筑混凝土的作业路线错综复杂） • 进行混凝土的试验（照相、取试件等） • 混凝土养护措施的准备（天气的对策、对于急剧变化的气温的应变、禁止步行等措施） • 检查钢筋、模板的进度情况 • 浇筑混凝土必要的机械设备的安排（振动机、高压清洗机等） 以上应该在浇筑混凝土的作业实施前一天预先准备妥当	• 指示与协商泵车、预拌混凝土车的设置位置（应在作业前决定） • 确认能否确保作业用通路 • 进行混凝土的相关试验 • 实施混凝土的养护（禁止进入、禁止行走的措施，以养护用席、布覆盖等） • 浇筑混凝土之前模板内的清扫及冲洗等 • 落实作业中产生危险的措施（坠落、倒塌及其他安全方面的对策） • 决定浇灌完成后残留的混凝土的倾倒场所

☆参照第 083 项

082 浇筑混凝土用的泵车有哪些种类？

浇筑混凝土时所用的泵车的种类及其代表性的机种与性能如表1，表2所示。

混凝土泵车性能一览表　　　　　表1

制造公司	形式	泵形式	最大吐出量（m³/h）	最大输送距离 水平（m）	最大输送距离 垂直（m）	利于输送的坍落度（cm）	适宜输送的管径（mm）	尺寸 全长（mm）	尺寸 全高（mm）	尺寸 全宽（mm）	总重量（kg）
石川岛播磨重工业	PTF-60TP	油压活塞式	60	500（150A）250（100A）	80	5~23	150A 125A 100A	7590	2950	2200	7950
石川岛播磨重工业	PTF-85TP	油压活塞式	85	500（150A）250（125A）	80	5~23	150A 125A 100A	8300	2970	2460	13300
石川岛播磨重工业	PTC-60S	油压活塞式	60	350	80	5~23	100A 175A 100A	4930	1650	1400	6500
石川岛播磨重工业	PTF-90S	油压活塞式	90	350	80	5~23	200A 150A 125A 100A	5375	2486	1600	8700
极东开发机械工业	PC-08-10	挤压式	20	100	30	12~23	80A	4640	1950	1695	3900
极东开发机械工业	PC-10-10	挤压式	45	200	55	6~22	100A	6865	2350	2200	7260
极东开发机械工业	PC-12-10	挤压式	65	300	60	6~22	125A	8150	2870	2470	12240
极东开发机械工业	PK20	油压活塞式	75	600（125A）	130	6~22	150A 125A 100A	8150	2700	2450	11015
极东开发机械工业	PK25	油压活塞式	90	600（125A）	150	6~22	150A 125A 100A	8880	2650	2450	12925
新明石工业	BPT60	水压活塞式	60	350（150A）250（100A）	60	8~23	150A 125A 100A	7495	2770	2300	7930
新明石工业	BPS85	水压活塞式	85	350（150A）250（100A）	70	8~23	150A 125A 100A	8600	2900	2445	12000
新泻铁工所	NCP700	油压活塞式	55	350（150A）250（100A）	60	5~23	150A 125A 100A	7740	2720	2320	7950
新泻铁工所	NCP750	油压活塞式	80	500（150A）400（100A）	90	5~23	150A 125A 100A	8100	2850	2450	11900

续表

制造公司	形式	泵形式	最大吐出量(m³/h)	最大输送距离		利于输送的坍落度(cm)	适宜输送的管径(mm)	尺寸			总重量(kg)
				水平(m)	垂直(m)			全长(mm)	全高(mm)	全宽(mm)	
日本建机	30N	活塞式	30	200	30(100A)	8～23	150A 125A 100A	5115	2360	1910	4790
	55N	活塞式	55	450（150A）350（125A）300（100A）	60	8～23	150A 125A 100A	8945	2650	2100	7665
日本制钢所	HC40	活塞式	43	300	60	5～25	150A 125A 100A	7550	2810	2200	7620
三菱重工业	DC 80T	活塞式	50	400（150A）200（100A）	60	5～23	150A 125A 100A	7510	2720	2150	7950
	DC 100T	活塞式	65	400（150A）200（100A）	60	5～23	150A 125A 100A	8080	3050	2460	11330
	DC 60M	活塞式	65	450（150A）	60	5～23	150A 125A 100A	5560	1600	1880	4210

（附有吊杆的）混凝土泵车性能一览表 表2

制造公司	形式	泵形式	最大吐出量(m³/h)	吊杆的形式	输送管径(mm)	地上最高高度(m)	吊杆长度(m)	起伏角(度)	旋转角度(度)	尺寸			总重量(kg)
										全长(mm)	全高(mm)	全宽(mm)	
石川岛播磨重工业	PTF 60-B2	油压活塞式	60	三段弯折式	125A 100A	17.6 20.0	17.7	0～115	360	8800 9480	3490 3270	2490	15200 15470
极东开发机械工业	PB 10-10	挤压式	45	两段伸缩式	100A	18.5	16.6	-5～75	360	8465	3375	2450	12030
	PB 10-50	挤压式	45	三段弯折式	100A	20.0	16.6	2～85	360	8465	3500	2450	13335
	PA 20-50	油压活塞式	75	三段弯折式	125A	19.0	15.0	-2～120	360	8800	3500	2450	14330
新泻铁工所	NCP 700FB	油压活塞式	55	两段弯折式	125A 100A	18.6 21.2	14.8 17.4	-5～85	360	8570	3320	2470	13575
	NCP 750FB	油压活塞式	80	两段弯折式	125A 100A	18.6 21.2	14.8 17.4	-5～120	360	9080	3435	2480	15420
	NCP 900FB	油压活塞式	80	三段弯折式	125A 100A	18.6 20.6	16.1 18.1	-5～120	360	9420	3550	2480	15400
三菱重工业	DC 100BC	油压活塞式	65	三段弯折式	125A 100A	19.3 21.2	15.8 18.8	-2～90	360	8500	3380	2460	14900

6 混凝土工程

083 混凝土浇灌作业开始前各工种应准备或确认的事项有哪些？

浇筑混凝土之前的准备作业的确认（按不同职种的检核项目）　表1

职种	检核项目	职种	检核项目
混凝土浇灌作业的负责人	• 与混凝土浇灌作业有关业者的安排 • 安排主管机关、设计人员会同进行检查 • 照相 • 混凝土浇灌完成后，剩余混凝土的利用方法 • 混凝土的强度试验（试件的采样） • 道路使用许可的申请（需使用道路时） • 安全对策（设置交通指挥人员整顿交通等对策） • 与邻房住房的联络	模板木工	• 混凝土浇灌高程的设定 • 模板支护与检查 • 以铁链补强等措施来加强支撑 • 模板接头、孔隙密封的处理 • 混凝土接头施工缝处的处理 • 预留筋用孔的设置 • 混凝土输送管下面模板的补强 • 模板材料、剩料的整理
预拌混凝土公司	• 混凝土配比的确定 • 混凝土浇筑量（进货量）的了解与掌握 • 浇灌时间以及浇灌速度的掌握 • 混凝土的检查项目与数量（试件） • 联络人员的派遣	钢筋工	• 注意钢筋间隔的保持（设置隔件等措施） • 确保保护层的厚度（Spacer的设置） • 插筋确认 • 钢筋材料、剩料的整理
打灰工	• 确定泵车的机种（能力） • 配管作业的执行（也有在浇筑作业前一天进行配管的场合） • 确认作业台、脚手架等的补强状况	水电工	• 预埋管线、五金、套管、出线盒等的定位 • 检视配管、出线盒等的保护层厚度 • 配合混凝土浇灌作业的进行对机械类、锚固螺栓等所做的保护措施
土木杂工	• 确保安全通路与外部脚手架的牢固 • 设置混凝土作业用的工作台 • 混凝土浇灌前模板的清扫（在浇灌前一天进行较佳） • 模板底部或支撑底部空隙以水泥砂浆充填（前一天） • 浇灌作业用具：软管、破布、漏斗、刷子、铁丝、剪刀等的准备 • 保温、洒水、养护措施用的机械类：喷水器、布席、振动机等的准备 • 洒水（浇筑混凝土前）	临时作业用的电工	• 振动机用的电源与配线 • 照明设备的准备 • 联络用通信设备（有线、无线电话、对话机） • 楼板整体抹灰用照明的准备

☆参照第081项

084 浇筑混凝土时输送管在配置时应注意哪些事项？

1. 对模板而言应注意的事项

（1）在输送管下部的模板应加以补强。具体而言，对于该处的模板支撑应以斜撑杆件补强，而对墙模、柱模则应以花篮螺栓扣将斜撑扣紧以防模板倾斜。

（2）应避免输送管直接接触模板。具体的措施应设置输送管配管用工作台及浇筑混凝土用的作业通路。同时输送管应以撑座支承，在钢结构工程的场合有时应以悬吊的铁链拉住。

2. 对钢筋应注意事项

（1）应采取防止浇筑混凝土时弄乱配筋的对策。混凝土输送管应以马凳支承。浇筑混凝土用的作业通路也应铺设踏板等之类的措施，以避免直接在楼板上的配筋行走而弄乱配筋（图1）。

（2）应防止混凝土附着在尚未浇筑的钢筋上，尤其是不可使混凝土附着在柱筋上，对于柱筋的保护可以盖板或聚乙烯布等覆盖（图2）。如果不慎自楼板面起算150mm以上的范围有混凝土附着时，宜在隔天以刷子将其洗干净。

（3）对突出楼板面的钢筋应采取安全的措施。为避免进行混凝土浇灌作业时受到突出楼板面钢筋的刺伤，应将墙筋与柱筋的顶端以套子盖妥（图3）。

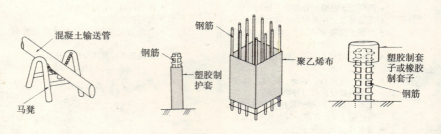

图1 混凝土输送管用的马凳（铁链式）　　图2 柱筋的养护　　图3 钢筋的安全设备

085 与混凝土车运送时间有关的困扰及对策是什么？

1. 运送时间过长时的问题

（1）运送时间过长易造成施工性不良或施工品质不佳的问题。在 JIS 中对一般预拌混凝土运送车运送的时间有必须在 1h30min 内完成的规定。

（2）运送时间过长易使预拌混凝土车内的混凝土产生硬化的现象，尤其是当外界气温在 25℃以上时及在工厂添加早强剂时的场合更需加以注意。

（3）运送时间过长时，若使用泵车进行混凝土的浇灌作业，常有造成输送管内的混凝土塞管的可能。

2. 检查项目与对策

（1）预拌混凝土公司的选定：宜选择符合 JIS 的规定且距工地现场较近的工厂。

（2）运送路线的调查与决定：调查运送路线时可由各路线的交通量来把握其平常以及交通阻塞时的运送时间。同时也要注意运送路线中可能产生的交通事故，并应考虑设置交通指挥人员的可行性。

（3）对交通阻塞时间的对应措施：尽可能避免拟定在交通高峰时间进行浇筑混凝土的浇灌计划。因此宜与预拌混凝土公司的负责人进行密切联络以期能在交通高峰时间以外的时间完成混凝土浇灌作业。

（4）使用外加剂的检查：使用缓凝剂以对应因交通高峰而产生的延迟混凝土凝结的需求。但在有冻结可能的冬天应避免使用。另外，必要时也可添加流动化剂。欲使用缓凝剂或流动化剂时，应在事前与预拌混凝土工厂的负责人及厂家协商。

086 柱模及墙模下端在灌浆时有混凝土浆流出的原因与对策有哪些？

1. 由柱模、墙模下端缝隙流出混凝土的原因

（1）由于柱模、墙模底下的楼板在浇筑混凝土时未达设计高程（局部浇灌厚度不足）产生凹陷，在组装柱模、墙模时于其底部与楼板间产生缝隙。

（2）柱模、墙模位置与楼板的水平高度有差异，在组模时又以楼板面的较高处为标准，柱模、墙模的底部与楼板面的较低处因而产生间隙。

2. 补救与预防的对策（表1，图1）

因柱模、墙模的下端间隙流出混凝土的补救例　　　表1

混凝土浇灌前的场合	混凝土浇灌后的场合
● 于柱模、墙模的下端与楼板之间的间隙塞以破布等物以防止混凝土的流出。 ● 间隙过大时，若在混凝土浇灌前尚有时间的话应以水泥砂浆填塞，但此水泥砂浆在混凝土浇灌完成后必须予以除去	● 所流出的混凝土浆在浇灌的当天应以高压水将其清洗掉。但若楼板面为混凝土一次抹面时应小心处理。 ● 若浇灌当天未清除时，也要在混凝土强度尚低时（浇灌后第二天）将其铲除

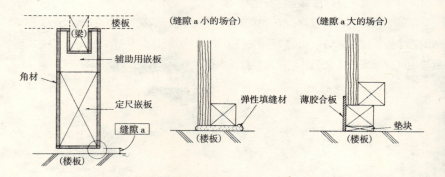

图1　防止由柱模、墙模的下端流出混凝土的对策

6 混凝土工程

087 灌浆时在开口部周围的下端有混凝土浆流出的原因与对策有哪些？

充填开口部周围或浇灌死角处的混凝土时应注意的事项　　表1

部位	概要说明		注意事项
开口部：小（宽度在2.0m以内）	[模板]　宽=2.0m以内　下端的模（封）板	● 检核浇灌死角处的模板（尤其是开口部下端模（封）板的检核）	● 下端的模（封）板应设直径φ15~20mm左右的开孔4个以上
	[混凝土]　2.0m以内	● 检查开口部周围的浇灌方法　此部分的混凝土应保证充填妥当	● 由两侧投入混凝土（如左图的①，②所示）
开口部：大（宽度在2.0m以上）	[模板]　1.0m　1.0m　宽=2.0m以上　下端的模（封）板	● 检核浇灌死角处的模板	● 自开口处两端算起1.0m左右为止的范围内以模（封）板盖住而中央部要加模（封）板时应注意不可因此而造成浇筑混凝土的死角（参照左图）
	[混凝土]　产生浇灌死角的场合	● 检查开口部周围的浇灌方法	● 由两侧浇筑混凝土，最后由中央处进行浇灌（左图①~③）
挑檐	排气孔　500mm以内	容易造成蜂窝现象的死角　注：不可在此处形成混凝土续接的施工缝　此长度范围内组模时可加顶部模（封）板	● 挑檐突出长度在500mm以内时，组模时可加顶部模（封）板　● 排气孔的大小应为φ15~20mm，间隔距离宜为@500mm左右设置一孔　● 不可在挑檐的顶部模（封）板上进行浇筑混凝土作业（易导致模板变形）

088 如何避免浇筑混凝土时对混凝土的浇灌数量判断错误的情形发生？

1. 混凝土浇灌作业快完成时应注意的事项

（1）检查事前所联络的预拌混凝土车台数是否适当。也就是对先前所估算的混凝土数量重新确认是否要增减。

（2）及早对现场最后需几立方米的预拌混凝土量加以正确的掌握并告知预拌混凝土工厂。

2. 避免对最后浇灌数量做错误判断所应注意的事项

（1）对于所规划的浇灌区域应依序浇灌完成，不可因有遗漏的地方而造成数量的误判。

（2）现场浇筑混凝土时不能常常产生预拌混凝土有剩料要处理的情形。

（3）估算数量时应将残留在泵车压送槽以及输送管内的混凝土量一并估算进去。

以上为接近浇灌完成阶段时，对于到浇灌完成为止所需的混凝土数量进行计算的注意要点。另外在规划浇灌区域与顺序时，应把混凝土数量较容易计算的区域规划为最后浇灌的区域，如此在计算浇灌完成前所需的最后浇灌数量时才容易掌握也才不易计算错误。

计算混凝土浇灌完成前所需最后浇灌的混凝土数量的例子如图1所示。

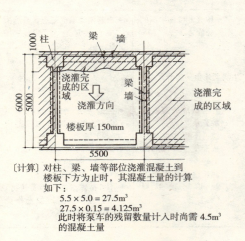

〔计算〕对柱、梁、墙等部位浇灌混凝土到楼板下方为止时，其混凝土量的计算如下：

$5.5 \times 5.0 = 27.5 m^3$
$27.5 \times 0.15 = 4.125 m^3$
此时将泵车的残留数量计入时尚需 $4.5 m^3$ 的混凝土量

图1 混凝土浇灌作业完成前尚需进料的数量计算

图2 以吊斗进行混凝土浇灌作业

089 混凝土浇灌作业进行中若遇到下雨应如何处理

1. 浇筑混凝土时遇到下雨会产生的问题

（1）下雨时混凝土会因雨水的混入而致水灰比增加，并因此造成混凝土强度降低。

（2）对混凝土的接打表面进行修整，因此降低质量。

（3）下雨时易因停止浇筑作业而产生冷缝的情况。

（4）浇筑完成的混凝土表面易因雨点的打击而损伤（尤其楼板的混凝土表面）。

2. 降雨量与混凝土浇筑作业的关系

（1）每小时降雨量在 0~4mm 左右时：可进行混凝土的浇筑作业。

（2）每小时降雨量在 4mm 以上时：不可进行混凝土的浇筑作业。

以上所述的降雨量标准在现场当然无法加以测定，因此常需以浇筑作业的负责人本身的经验来做判断的依据（例如虽然在下雨，但看到天空相对晴朗时即判定可以进行浇筑作业等）。

3. 注意事项与对策

（1）对天气的预测：气象预报与工程（混凝土浇筑日）有重要的关系，因此应注意每天的气象预报。

（2）下雨时的对策

①为防止雨水造成混凝土水灰比的增加，在浇筑的场所应准备布、席类的保护工具以便下雨时可以对已浇筑完成的部分进行覆盖保护。

②为确保续接面的质量，浇筑区域不宜过大。

③在暂时停止浇筑作业时对于停止浇筑处的混凝土面应处理成 1:2 的斜面并充分捣实。万一产生了冷缝现象，应在混凝土硬化前对捣实不充分的部分予以铲除并将续接面刷成粗糙面，并应在继续浇筑前以水泥浆涂覆于先浇筑完成的混凝土部分。

④混凝土的上表面为避免雨水，可同①一样，采用覆盖物保护。

090 钢筋混凝土建筑物常有哪些缺陷发生？

钢筋混凝土建筑物主要的缺陷及造成该缺陷的原因如表1所示。

钢筋混凝土建筑物的缺陷　　　　　　表1

缺陷的种类	主要原因		
	设计	施工	其他
构造物的强度不足	• 设计图纸的错误 • 结构计算错误 • 法规的变更等	• 结构断面施工错误 • 钢筋数量施工错误 • 混凝土施工不良	• 荷重（冲击、承载）增加 • 因设计变更而造成工程的增加
因建筑物的破损、破坏而产生变位、变形的增大	• 对建筑物的疲劳、共震等的考虑不充分	• 因各种不良的施工与施工的缺陷而造成建筑物损伤的增大	• 因地震、火灾而造成建筑物变位、变形的增大
混凝土充填不良及强度不足	• 对材料的施工条件考虑不足 （混凝土的设计强度与施工的关系，材料的施工时机，材料与工程关系的检查等）	• 对于混凝土材料的选定、拌合、混凝土的浇灌计划、养护、运送等的检查不够充分	• 对夏季混凝土作业的检查不够充分 • 对冬季混凝土作业的检查不够充分
混凝土的劣化、剥离与剥落	• 钢筋保护层的厚度不足 • 设计时对混凝土材料劣化原因的考虑不充分	• 因水灰比（W/C）产生变更 • 骨料选定错误 • 材料品质不良 • 施工不良	• 因钢筋生锈造成腐蚀 • 因混凝土冻害而产生剥离或剥落 • 因混凝土碳化而产生的劣化现象 • 因侵蚀性环境所造成的混凝土缺陷
裂缝	• 对钢筋的单位容许应力的检查不足 • 与膨胀水泥的使用有关的检查不足 • 混凝土的设计强度不足	• 水灰比（W/C）产生变更 • 混凝土的浇筑方法不完备 • 混凝土浇筑的顺序有误 • 没有充分检查伸缩缝的做法	• 钢筋混凝土构造物的大型化 • 钢筋的高强度化
钢筋材料的腐蚀与损伤	• 钢筋保护层不足 • 受到静电腐蚀作用的影响 • 对减少龟裂的考虑（检查）不充分	• 模板底面没有清扫干净 • 隔件（Spacer）、垫块的设置不完备 • 使用海砂 • 误用外加剂	• 位于容易产生腐蚀的环境 • 骨料资源的耗竭

091 混凝土浇灌完成后会有哪些目视可以发现的缺陷？

混凝土浇灌完成后以目视可以看出的缺陷种类及其产生的原因、特征、发生的处所详见表1所示。

混凝土浇灌完成后常见到的缺陷　　　　　　　　　　　表1

缺陷名称	原因、特征	发生的处所、状况
蜂窝	● 混凝土浇灌时产生粒料分离的情形 ● 浇筑混凝土时捣实不充分	柱底部，电气用出线盒等的配管周围及其他处所
空（孔）洞	● 混凝土浇灌及捣实不充分的场合（尤其是配筋过密的部分） ※ 钢筋的保护层厚度小而使得钢筋与模板间因粗骨料无法通过而导致混凝土被粗骨料所堵住，造成拆模后钢盘露出的状态。此种现象又称为排骨	钢结构梁上端，窗户等开口部周围，楼梯周围等
冷缝	● 浇筑混凝土时因时间的关系先行浇灌的混凝土与后续浇灌的混凝土交接处两者无法结合成一体时称之为冷缝	楼梯周围的墙壁、楼板等（易因天气过热以及午休等休息时间而造成冷缝）
龟裂	［浇筑混凝土后1～3h的短时间内产生龟裂的原因］ ● 捣实不充分 ● 使用水灰比大、坍落度大的混凝土 ● 浇筑混凝土的速度过快 ● 高温下浇筑混凝土的场合（混凝土温度高凝结快） ● 因混凝土浇灌完成后干燥过快而引起（风势过大而造成的干燥过快等情形） ［经过长时间后才产生龟裂的原因］ ● 因干燥收缩而引起 ● 混凝土温度与外界温度的温差过大而引起	梁上端、楼板、开口部周围等

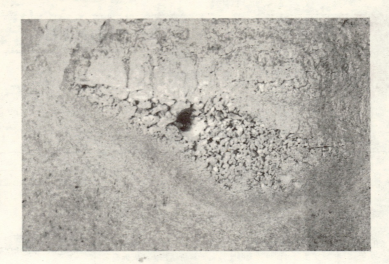

图1 蜂窝

图2 空洞

6 混凝土工程

092 请说明防止混凝土发生缺陷的对策及其修补方法

防止浇筑混凝土时发生缺陷的对策，亦即在浇筑混凝土时应注意的要点以及产生缺陷后的修补方法如表1所示。

防止浇筑混凝土时发生缺陷及产生缺陷后的修补方法　　表1

缺陷名称	防止对策（浇筑混凝土时的作业要点）	修补方法
混凝土表面产生汽泡	• 进行混凝土的浇灌作业时应对混凝土加以充分捣实	• 以水泥浆修补（若为清水模混凝土时应注意周围混凝土的色泽，必要时所用的水泥浆应混以白色水泥来调整色泽）
孔隙、空洞	• 应对所浇灌的混凝土充分捣实，尤其是配筋过密的部分，窗户等开口部周围，楼梯周围等地方更要小心地进行浇灌	• 将产生空洞、孔隙的地方加以凿开后，以无收缩水泥砂浆或混凝土充填（因为空洞处周围的混凝土大多不是很密实，所以要把空洞的周围也凿除）
蜂窝	• 浇筑混凝土时应充分加以捣实	[只有表面产生蜂窝的现象时] • 抹水泥砂浆 • 将松动的骨料以及水泥块予以凿除后抹树脂砂浆 [蜂窝现象达到混凝土内部时] • 将蜂窝处连同其周围予以凿除后以无收缩水泥砂浆或混凝土充填
冷缝	• 浇筑混凝土时应以正常的速度连续进行作业（进行夏季混凝土浇灌作业时以及浇灌计划包括午休时间时要注意浇灌作业的连续性）	• 在冷缝处的表面部分直接涂树脂作为粘结补强的措施 • 将冷缝切成V形沟槽后以弹性填缝料及树脂充填 • 于冷缝表面以防水材料及弹性填缝料涂成带状
龟裂	[防止短时间内产生龟裂的对策] • 浇筑混凝土时应充分加以捣实 • 减少水灰比与坍落度 • 浇筑混凝土的速度应适当不可过快（尤其是防风的措施） • 要对已浇灌完成的混凝土充分加以养护 [防止长时间后才发生龟裂的对策] • 对已浇灌完成的混凝土部分应加以充分养护（尤其是外界温度与混凝土温度相差过大时） • 混凝土龄期尚短时不可使其承受过大的荷重或机械的振动	• 于裂缝表面部分直接注入树脂补强的弹性填缝材料及树脂充填 • 将裂缝凿成V形沟槽后以弹性填缝料及树脂充填 • 在裂缝表面涂上带状的防水材料及弹性填缝材料

093 请说明防止混凝土外墙发生龟裂的对策及引导性勾缝的做法

1. 防止混凝土产生龟裂的对策（表1）

防止混凝土外墙龟裂的对策　　　　　表1

	设计	钢筋	模板	混凝土
预防对策	• 确保墙壁的厚度（15cm以上） • 确保含钢量（0.4%以上） • 掌握墙壁的尺寸（大小、周长比要适中） • 采用隔热处理的设计 • 引导性勾缝的设置 • 伸缩缝的设置 • 对化学药品、盐分的防护	• 确保保护层厚度 • 确保合理的钢筋间距 • 防止钢筋生锈 • 增加钢筋量（对开口周围进行补强加固等）	• 不可使模板受到冲击荷重	• 减少单位用水量 • 降低坍落度 • 使用流动化混凝土 • 确保使用优质的骨料 • 减少水泥量 • 减少盐分 • 使用AE减水剂

2. 混凝土引导性勾缝的设置

引导性勾缝的设置如图1，图2所示。此种引导性勾缝在施工时（例如将木制、塑胶制的勾缝用押条固定于模板上）应特别小心注意施工以确保位置的正确性。

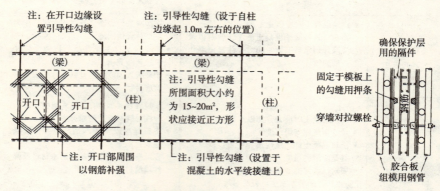

图1　混凝土外墙的引导性勾缝　　　　　图2　模板的断面

094 请说明对于混凝土建筑物产生裂缝原因的调查及其修补的方法

1. 调查混凝土建筑物产生裂缝的原因的相关顺序

裂缝发生状况的调查

对建筑物发生的裂缝形态进行调查。在本步骤要绘制建筑物的展开图以记载下述的状态
- 产生裂缝的地方 • 裂缝的宽度与长度 • 漏水处所 • 钢筋生锈的处所 • 泛白等的污染状况
- 混凝土松动的处所 • 其他

裂缝处的详细调查

选定具代表性的裂缝观察其变化的情况（裂缝宽度、长度的变化等），并凿取一部分的混凝土以调查钢筋生锈的状况。另外尚需以非破损试验的方式测定裂缝的深度及钢筋的位置等情形

混凝土材质的调查

对于混凝土表层龟裂特别明显的场合，应采取试块并检视其内部状况。并通过碳化试验、成分分析试验、抗压强度试验等来确认有无下述材质的问题
- 碱骨料反应 • 有无异物混入 • 因化学变化产生的劣化现象 • 因冻结溶解而产生的劣化现象 • 因火、热等高温而产生的材质劣化现象

设计文件、施工记录等的调查

对于裂缝特别大的场合或裂缝局部集中的场合，或梁及楼板的挠度超过设计标准以上时，应详细调查设计文件、施工记录与使用状况等以了解是否有结构强度上的问题

推测、分析裂缝产生的原因

图1 裂缝的调查流程

2. 是否为有害裂缝的判断

虽然要判断裂缝对建筑物所造成的损害是很困难的一件事，但可从以下三方面来加以评估判断。

（1）建筑物结构的安全性：结构的安定性、强度等。

（2）建筑物的功能：防水性、气密性、耐候性、保护性等。

（3）建筑物长期的耐久性：钢筋的保护、耐蚀，对冻结溶解的抵抗性等。

3. 裂缝的修补方法

除了需要进行结构性补强的大裂缝的修补以外，一般混凝土裂缝的修补如表 1 所述。

混凝土裂缝的修补　　　　　　　　　　　　　　　　　　　表 1

修补方法	内　容	具体修补（或补强）例
表面涂布等的方法	是一种对非集中性的细微混凝土裂缝的修补方法，主要目的在于防止耐久性的降低	● 水泥系列（混有合成树脂的水泥浆） ● 改性环氧树脂（处理裂缝处的表面用）
注入、压入、充填等的处理法	是对于混凝土裂缝稍大时的一种修补方法，主要目的在于防止混凝土强度的降低，促进混凝土恢复其强度、防水性等机能	● 环氧树脂（共有注入裂缝型、低黏度注入裂缝型、充填裂缝用改性环氧树脂等三种形态） ● 聚氨酯（Urethane）系列（注入裂缝用） ● 水泥系列（混有合成树脂、乳胶 Emulsion 的水泥浆）
采用钢材的补强法	对有结构性裂缝所采用的一种补强方法。可与注入法、压入法、充填法等处理法等并用	● PC 钢棒 ● 钢筋
表面贴钢板或碳纤维板等的补强方法	同上	● 钢板 ● 碳纤维板

095 请说明楼板浇筑完成后数小时产生裂缝的原因及其补救的方法

1. 造成初期裂缝的原因

（混凝土刚浇灌完成后至混凝土硬化中所产生的裂缝）

初期裂缝的主要原因一览表　　　　表1

因材料配比的原因所造成	因施工的原因所造成
• 使用含泥量过多的骨料 • 所使用的水泥凝结性异常 • 使用单位用水量过多的混凝土（例如对预拌混凝土车内的混凝土加水而使得所使用的混凝土单位用水量过多）	• 初期的养护不良 • 混凝土在硬化初期即承受荷重、振动、冲击等外力 • 捣固不实 • 因支撑下陷，模板移动、变形（鼓起）而引起 • 浇筑混凝土的速度过快 • 钢筋保护层的厚度不足 • 干燥过快（因风、太阳光直射、温度上升等现象所引起）

2. 初期裂缝的修补

造成混凝土浇灌完成后短时间内产生初期裂缝的主要原因不外是上层钢筋下降，以及阳光直射或风所引起的表面急剧干燥。此时可依混凝土的硬化状况以下述方法防止。

（1）（以夯具、平板等）对未硬化的混凝土再夯实：此种方法可以将空隙及裂缝借由捣实过程消除，同时也可达到增加钢筋握裹力的效果。

（2）以席、布等进行养护：以席、布等覆盖混凝土以防止风或阳光造成混凝土表面产生急剧干燥的现象，并可促进混凝土及早达到其初期的强度。

096 请说明楼房底层的钢筋混凝土柱因混凝土的充填不良而产生的缺陷及其预防对策

1. 把握现状与修补方法（表1）

柱底混凝土充填不良及其修补说明例　　　　　表1

缺陷的状况及其原因	修补方法（步骤及内容等）
[状况] 在4.5m高的柱脚底部产生了高度范围约为500mm，平面范围约为柱断面2/3的蜂窝缺陷。 [原因] 在浇筑混凝土时由于落差过大而产生粒料分离的现象。 （层高4500，500，骨料露出，柱800×800，梁，柱）	[修补方法] 确认混凝土的强度后采用预填骨料压力灌浆（Prepacked concrete）工法来修补缺陷 [修补顺序] （1）对柱周围的梁以加强支撑加以补强 （2）将柱底的缺陷部分凿除并清扫干净 （3）组装柱模（包括设置注浆管与排气孔） （4）塞入（碎石）骨料（10~15mm） （5）注入水泥浆（压力为0.15~0.2MPa） （6）进行养护 （7）拆模（注浆后7天） （8）确认28天的强度

2. 今后的对策

（1）对高度较高的柱、墙进行混凝土浇灌的作业时，应配合采用溜槽使浇筑混凝土的落差在1.5m以内。

（2）对含有墙壁壁体的柱子进行浇筑混凝土时，应依柱墙顺序交互浇灌，以防柱子的混凝土流到墙壁。

（3）浇灌高度较高的柱、墙的混凝土时应分两次以上浇灌以避免产生爆模。

（4）浇筑混凝土时应避免从单一方向浇灌。

（5）应以振动器对所浇灌的混凝土确实予以振动捣实。

097 请说明相关法规对细骨料中所含盐分的规定内容

1. 混凝土中的含氯量

目前建筑学会、相关主管机关对细骨料中含氯量的规定如表1所示。

含氯量的规定 表1

标准、规范		细骨料中含氯量的容许值或建议值	
日本建筑学会	JASS 5	Ⅰ级骨料：0.04%以下 Ⅱ级、Ⅲ级骨料：0.10%以下，但应对钢筋的生锈采取有效的防止措施	
土木学会	RC标准规范	0.02%以下	
	PC标准规范	主要的预应力构件，临海地区的构造物以及PC用水泥浆……0.03%以下	
日本混凝土工学协会	海洋混凝土构造物的防蚀指南	一般的RC构造物：0.04%以下，主要的预应力（Pretension）构件，PC构件用水泥砂浆……0.02%以下	
		就混凝土的拌合而言，每立方米混凝土的含氯量应在500g以下	
日本道路协会	道路桥梁规范 盐害对策指南	RC构件、后张预应力构件：水泥重量的0.10%以下先张预应力构件、PC构件用水泥砂浆……0.03%以下	
日本道路公团	土木共通规范	RC构件、后张预应力构件：0.05%以下，先张预应力构件：禁止使用海砂	
建设省	建设省住宅局通知（1977年10月24日）	细骨料含氯量超过0.04%，且在0.10%以下时应满足右述①及②两项规定	①水灰比在55%以下且坍落度在18cm以下，或水灰比在50%以下且坍落度在21cm以下 ②使用适当的防锈剂，或楼板下层的保护层厚度达3cm以上并使用AE减水剂
		细骨料含氯量在0.10%以上、0.20%以下时应满足右述①②③三项规定	①水灰比在50%以下且坍落度在18cm以下 ②使用适当的防锈剂 ③柱、梁的钢筋保护层厚度在4cm以上，楼板下端的保护层厚度在3cm以上，并使用AE减水剂

2. 修补方法

修补方法一般采用以下两种

（1）断面修复法：将劣化的混凝土部分凿除，并对钢筋、钢材等采取防锈措施。

（2）表面涂装法：对混凝土表面加以涂覆以达到抑制钢筋腐蚀的目的。

☆参照第127项

098 请说明混凝土施工缝的设置原则

1. 混凝土施工缝位置的选定

混凝土施工缝一般都选择在剪力较小的部位,且与压力方向呈垂直的方向。同时以施工缝不会受到剪力作用的地方为原则。

（1）柱：在楼板以上的位置

（2）楼板：跨度的 $\frac{1}{4}$ 处

（3）主梁次梁：中央处,从施工角度来看也有时选在1/4的位置

（4）地梁：中央处

（5）墙：无硬性规定

2. 混凝土施工缝位置的举例

如图1所示施工缝位置应同时要有利于各种作业（如施工缝材料的设置,钢筋的处理、清扫等）的进行。同时在规划施工缝位置时对于模板,钢筋作业的施工性以及与全体区划、施工顺序的合理性都应加以检查。

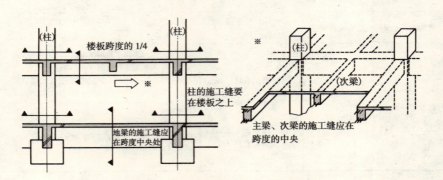

图1 混凝土施工缝的位置

6 混凝土工程

099 请说明混凝土施工缝的处理方式

1. 施工缝的混凝土强度

水平以及垂直浇筑混凝土时产生的施工缝强度与施工缝处混凝土的浇灌方法的关系如表1所示。

水平以及垂直浇筑混凝土时产生的施工缝的混凝土强度（引用文献7） 表1

水平浇筑混凝土时产生的施工缝		垂直浇筑混凝土时产生的施工缝	
施工缝的处理方法	强度比	施工缝的处理方法	强度比
不将先浇灌处施工缝的续接面水泥浮浆凿除而后继续浇灌的场合	约45%	对先浇灌处施工缝的续接面不做处理即进行后续混凝土的浇灌作业的场合	约57%
于先浇灌处施工缝的续接面削薄1mm的厚度后，再进行后续混凝土的浇灌作业的场合	约77%	于先浇灌处施工缝的续接面涂以水泥砂浆后，再进行后续混凝土的浇灌作业的场合	约72%
于先浇灌处施工缝的续接面削薄1mm的厚度后以水泥浆涂布，再进行后续混凝土的浇灌作业的场合	约93%	于先浇灌处施工缝的续接面涂以水泥浆后，再进行后续混凝土的浇灌作业的场合	约77%
于先浇灌处施工缝的续接面削薄1mm的厚度后涂以水泥砂浆，再进行后续混凝土的浇灌作业的场合	约96%	于先浇灌处施工缝的续接面削薄1mm的厚度后涂以水泥浆，再进行后续混凝土的浇灌作业的场合	约83%
于先浇灌处施工缝的续接面削薄1mm的厚度后涂以水泥浆，再进行后续混凝土的浇灌作业，待经过3h后予以振动捣实的场合	约100%	于先浇灌处施工缝的续接面涂以水泥浆后，再进行后续混凝土的浇灌作业，待经过3h后予以振动捣实的场合	约98%

2. 施工缝的处理方法

如表1所示对施工缝续接处小心加以适当处理时可以对强度的降低获得相当的控制。而对续接处施工缝的收头所用的材料与收头方法详见下述。

（1）以模板（角材、胶合板）作为施工缝的收头材：为楼板、梁等施工缝收头的一般处理方法。但此种方法对于配筋较密或续接处形状复杂的场合较不适用，且拆模后常有大部分先行浇灌的混凝土需加以凿除清理。

（2）以点焊钢筋网等钢制材料作为施工缝续接处的收头材：大部分用于梁的施工缝续接处。使用时需先将点焊钢筋网等钢制材料于梁主筋位置开孔后套入施工缝处并予以焊牢。此种方法作业性较佳，但混凝土浆容易由钢筋网的网目及钢筋网与梁筋的接合处流出。

（3）以发泡苯乙烯等材料作为施工缝的收头材：大都用在楼板、梁等的施工缝续接处，由于安装容易，因此采用的场合较多。但材料本身的强度并不大，因此采用此种材料时应有适当的补强措施。

（4）以橡皮等伸缩性材料作为施工缝的收头材：有作为梁等的混凝土施工缝续接处的收头材，但有施工性、成本等的问题存在。

（5）以散板、竹子等作为混凝土施工缝续接处的收头材：是一种用于楼板等垂直续接面处的单纯工法，安装简单但需配合钢筋等材料的补强。

3. 混凝土施工缝续接处的清扫

在后浇灌的混凝土进行浇灌前应注意以下几点：

（1）应在先浇灌的混凝土表面以高压空气及喷射水等仔细清洁，并应以刷子等工具将续接面刷成粗糙面。

（2）施工缝的续接处不可有流出的混凝土浆或剥离的骨料、混凝土块或垃圾等物，若有时应予以清除干净。

（3）当流出的混凝土较多时，应凿除，并按（1）、（2）进行处理。

6 混凝土工程

100 混凝土工程中所使用的材料应如何管理？

水泥、骨料、水、外加剂等混凝土材料的品质管理（管理项目，管理值，管理方法等）如表 1 所示。

混凝土材料的品质管理 表 1

使用材料	管理项目	管理值	管理方法	时机、频度
水泥	种类 ● 硅酸盐水泥	应与使用处所所规定的水泥种类一致	确认进货单	工程开工前
	品质 ● JIS 规定项目比表面积，凝结时间，安定性，抗压强度 ● 含碱量等	应符合 JIS 规格的规定	确认水泥制造厂的资料	工程开始前以及使用中 1 次/月
骨料	种类 ● 粗骨料（砂砾，碎石） ● 细骨料（砂，碎砂）	应与使用处所所规定的骨料种类一致	确认进货单及目视	工程开始前以及浇筑混凝土时
	品质：全干密度，吸水率，泥块含量，洗涤试验（Decantation Test），有机不纯物，含氯量等	应符合 JASS 5.3.3（砂砾，砂），JIS A 5005（碎石），JIS A 5004（碎砂）等规定	确认试验结果的书面资料	工程开始前以及施工中 1 次/月 使用的骨料有所改变前 品质有变化时
	粗骨料的碱骨料反应性	应符合 JIS A 5308 附录 7, 8 的规定	确认试验结果的书面资料	选择预拌混凝土工厂时 所使用的骨料有所改变时
水	品质	依自来水，JASS 5 T-301，JIS A 5308 之规定	确认试验结果的书面资料	选择预拌混凝土工厂时
外加剂	化学混合剂 流动化材料	依配比计划书的规定	确认配比计划书 确认进货资料	决定配比时 浇筑混凝土时

☆参照第 127 项

101 柱、梁、墙等混凝土构件的施工误差及粉刷、装修完成面的标准有何规定？

1. 混凝土构件浇筑完成后的位置以及剖面尺寸的施工误差的规定

混凝土构件浇筑完成后的位置以及剖面尺寸的施工误差在 JASS 5 中已有规定，详如表1所示。

结构体混凝土构件浇筑完成后的位置与剖面尺寸的容许误差的标准值（参考文献8） 表1

项目		容许误差（mm）	
		计划使用时间的等级	
		一般标准	长期
位置	混凝土构件浇筑完成后的位置与设计图所示的位置的误差	±20	±20
结构体混凝土构件剖面尺寸	柱、梁、墙的剖面尺寸	-5 +20	-5 +15
	楼板、屋顶板的厚度	-5 +20	0 +20
	基础的剖面尺寸	-10 +50	-5 +10

2. 结构体混凝土完成面状态的要求标准

JASS 5 中对结构体混凝土完成面状态所规定的标准值如表2所示。

结构体混凝土完成面的容许误差值（参考文献9） 表2

结构体混凝土完成面的装修程度	平坦度（凹凸差）（mm）	参考	
		柱、墙的场合	楼板的场合
粉刷层厚度在7mm以上的场合或表面粉刷不受基层精度影响的场合	1m 以内的凹凸差应小于10	墙面粉刷	楼板面粉光
粉刷层厚度未满7mm的场合以及需要有良好平坦度的场合	3m 内的凹凸差应小于10	直接喷涂于混凝土完成面的场合 贴瓷砖（压着工法）的场合	采软底工法贴瓷砖的场合，铺地毯的场合，于混凝土浇灌完成后直接施做防水层的场合
建筑物完工后会看到混凝土的外表或粉刷厚度非常薄或混凝土构件必须有良好的表面状况者	3m 内的凹凸差应小于7	清水混凝土、直接于混凝土构件完成面涂装的场合、直接于混凝土构件完成面贴壁布的场合	涂布树脂材料、耐磨地坪或以金属镘刀抹面的场合

☆参照第102项

102 请说明混凝土表面的粉刷状态的检查及其试验方法

1. 结构体应有的混凝土完成面状态的概要

有特别要求时一般都依其要求，无特别要求时可依以下的规定。

（1）结构体浇灌完成后的表面若有凹陷部分、模板内撑隔件、残留的孔洞等缺陷时应加以修补妥当，有突起部分应加以凿除使其表面呈平坦状。

（2）结构体混凝土在浇筑混凝土时没有与模板接触部分，其表面状态依其使用的材料或工法的要求。

（3）结构体混凝土完成面的容许误差值要求如第101项的表2所示。

2. 结构体混凝土完成面平坦度的检测法

有特别要求时依其要求，如无特别要求时依JASS 5 T-604（结构体混凝土完成面平坦度的检测方法）的规定。

［适用范围］

本方法适用于结构体混凝土完成面平坦度的检测。

［检测用器具］参考右图

检测用器具具有一可滑动的测针。

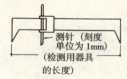

［检测方法］

①将检测用器具置于欲测定的结构体混凝土完成面上，以测针测定检测用器具与结构体混凝土完成面的距离。

②保持检测用器具不动，在长为1m的检测器具范围内移动测针三次以上（对三个以上的位置）进行检测。所得得的最大值与最小值之差即为该检测位置的平坦度。

③欲检测结构体构件的混凝土表面整体的平坦度时，可对该混凝土表面以检测用器具在不同检测面，依上述方法对每次的检测面进行三次以上的测定。

☆参照第101项

其他上部（地面以上）结构体工程

103 请说明预制钢筋混凝土构件的制造作业与管理

PC 构件的制造与管理 表1

制造流程图	工程顺序	作业规定	资材设备	管理特性	品质特性	管理方法				异常处置方法		
						时机或批数	测定方法	负责单位	记录	方法	负责单位	报告现象
① 清扫	1	将附着于钢模上的混凝土清除干净	长柄铲、扫把	不可有泥浆、垃圾附着	混凝土的附着量	全数	目视	作业人员		修正	作业人员	
② 涂脱模剂	2	在钢模上涂上薄薄的一层	喷雾器、拖把	涂布应均匀	不可有针孔、产生混凝土变色的情形	涂布后全数	目视	作业人员		再涂布	作业人员	
③ 支模	3	应在规定的容许值内	铁锤、扳手、冲击式扳钳（Impact Wrench）	不可有间隙或模板错离的情形发生	收头容许误差、支模顺序	支模完成后全数	目视	作业人员		修正	作业人员	
④ 配筋	4	应将钢筋配置于正确位置上	各种配筋工具	钢筋种类与数量位置应正确	配筋位置	配筋完成后全数	目视	作业人员		修正	作业人员	
⑤ 执行日常检查作业	5	依检查规定进行日常检查							查核表			
⑥ 浇灌混凝土	6	浇灌混凝土时不可使混凝土的拌合后的材料分离的现象，并应以振动机等予以捣实	装混凝土用的斗车，振动机，铲子	注意浇灌时间、实，先安设定的混凝土投入量、振动机的位置与时间等的控制	质地均一、密部件有否移动	浇灌完成后、全数	目视	作业人员		修正	作业人员	
⑦ 粗整	7	表面摊平、木楔块等预埋构件应定位	木慢刀、木楔块、其他预埋物件	注意数量位置的正确性	外观良好、表面平坦	粗整后、全数	目视	作业人员		再清理、修整	作业人员	
⑧ 浇灌完成后的表面整理	8	浇灌完成时的修整	慢刀	表面摊平的方法	表面不可有凹凸、泌浆的现象	浇灌时全数	目视	作业人员		再修整	作业人员	
		局部拆模	扳手、慢刀	注意拆模时间与方法	外观（缺损、龟裂）	拆模后全数	目视	作业人员		再修整	作业人员	
		细整	金属慢刀、刷子	修整方法修整的种类	外观（慢刀纹路、刷子的纹路、龟裂）	细整后全数	目视	作业人员		再修整	作业人员	制造组长
⑨ 日常检查（表面状况的检查）	9	依检查规定（修整后的检查）							查核表			
⑩ 养护	10	盖保护席	保护席	不可有空隙		养护前	目视	锅炉手		修正	作业人员	
		养护	重油	加温时间	强度	养护时	温度计、记录器			再养护、确认调整	锅炉手、试验员	制造股长
		除去保护席		注意内外温度差		保护席除去后	同上	锅炉手				
⑪ 确认混凝土强度	11	确认混凝土强度	压缩试验机、施密特锤		强度	拆模前		试验员	X-Rs管理图	再养护	锅炉手	制造股长
⑫ 脱模	12	拆模时不可损及制品，尤其是要注意不可损及制品的金属部分及转角处	铁锤、扳手、冲击式扳钳（Impact Wrench）	拆模方法	外观（缺损、龟裂）	拆模后全数	目视	作业人员		补修	补修人员或厂长指定人员	制造股长
⑬ 吊到定位存放	13	吊离、搬运	吊环、起重机	吊离生产线的方法、运送方法	不可因搬运而产生缺损、龟裂	搬运时	目视	作业人员		补修	同上	同上
⑭ 日常检查（完成品检查）	14	依规定检查（浇灌完成后的检查）							查核表			
⑮ 储存	15	依制品保管的规定										
⑯ 出货前检查	16	依出货的规定										
⑰ 运到工地	17	依运输管理的规定										

104 请说明预制钢筋混凝土板式构造的施工方法

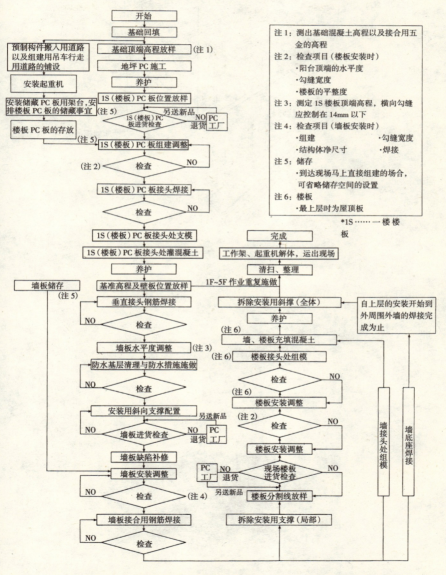

图1 PC板组建作业顺序与标准工程流程（5层定位基点的方式）

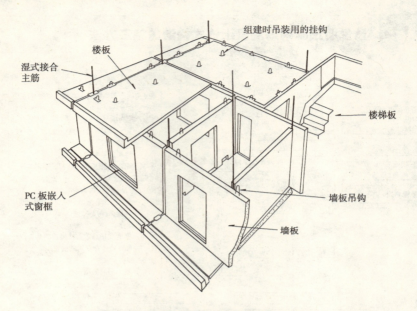

图2 PC板组装图

图3 PC构件的吊装状况

105 请说明预制钢筋混凝土构件接头部充填无收缩水泥砂浆的相关事宜

表1~表3为无收缩水泥砂浆相关事宜的概要说明,图1、图2为无收缩水泥砂浆使用例。

无收缩水泥砂浆的概要说明一览表 表1

项 目	内容(说明)
1. 使用目的,使用部位	①使用无收缩水泥可使水泥砂浆的收缩量减少,同时在充填孔隙时可使水泥砂浆具流动性。 ②无收缩水泥常用于充填PC(预制混凝土)构件的接头部,门、窗框周边缝的充填,钢结构底部的充填以及混凝土龟裂的修补用。 ③无收缩水泥所用的材料可分为水泥系列与铁粉系列两种
2. 特征	①流动性(Consistency 稠度)依使用部位、施工方法、温度及其他条件之不同而异,通常约为200~300mm左右(用于门、窗框周边缝的充填时约为200~250mm,用于PC(预制混凝土)构件的接头部等勾缝的充填时约为250~300mm)。 ②泌浆率为0%~0.5%。 ③粘结强度与一般的水泥砂浆相同,也有大于一般水泥砂浆者。 ④在膨胀收缩方面,龄期7天时通常约在+0.05%~5.00%,可以说几乎无收缩现象。(水泥系列的不收缩材质是以硫铝酸钙(Calcium Sulfoaluminate)为主要成分的CSA系列,而以双水石膏为主要成分的石灰系列不收缩材质以及铁粉质系列的不收缩材质则系以铁粒子或铁粉的体积变化来达到不伸缩的膨胀效果)
3. 配比	无收缩材料的配比因种类的不同而异,水泥系列的无收缩材料配比如表2所示,铁粉质系列的无收缩材料的配比如表3所示
4. 施工上的注意点	①施工机器以及拌合的注意点如下所述。 ● 拌合是使用搅拌器(Mixer)或搅拌机(Agitator)。 ● 使用搅拌器拌合时必须在材料投入后5min以内与所备妥的水泥砂浆进行拌合。 ● 使用搅拌机(Agitator)拌合时可缓缓地进行拌合,但必须确保所拌合妥当的材料一直到充填作业完成后品质不会有任何的变化。 ● 使用泵进行充填时可采用连续压送的方式,但在压送的过程中应注意不可有空气跑入无收缩水泥砂浆内。 ②充填无收缩水泥砂浆时应注意以下几点 ● 充填前应对充填处以水或空气予以喷洗清洁干净,以空气清除充填处时,于清除后并应以水湿润。 ● 充填时应持续进行,避免有中断的情形发生。 ● 充填时应从单一方向进行。 ③充填妥当的无收缩水泥砂浆应避免受到急剧的温度变化、干燥或冲击荷重的影响且应充分加以养护

水泥系列无收缩水泥砂浆的配比　　　　　　　　　表2

配比	流动性（Consistency 稠度）	水泥（kg/m³）	无收缩材料（kg/m³）	砂（kg/m³）	砂砾（kg/m³）	水（kg/m³）
标准（1:2）	6~10s	530	100	1260	0	290
A（1:1）	4~10s	820	100	920	0	330
B（1:2.5）	7~11s	450	100	1330	0	283

铁粉质系列无收缩水泥砂浆的配比（Premix）　　　表3

种类	流动性（Consistency 稠度）	制品（一袋25kg）		每1m³的标准使用量	
		使用水量	搅拌量	灰浆材料	水
铁粉质材料	220~250mm	3.4~4.0L	12.0L	2100kg	310kg

图1　无收缩水泥砂浆充填前的准备作业

图2　充填后的无收缩水泥砂浆

7 其他上部（地面以上）结构体工程

106 预制钢筋混凝土构件的尺寸精度以及裂缝、破损的判断标准是什么？

制品尺寸的容许误差（引用文献10）（单位：mm） 表1

项 目		容许误差				备 注
		墙板	楼板	屋顶板	楼梯	
边长		±5	±7	±7	±7	
板厚		±3	±3	±3	—	
接合用五金的位置精度	边长方向	±3	±3	±3	±3	照 JASS 10.2.6.3《形状尺寸的检查》[检查方法的示例]
	厚度方向	上端 −3 下端 +3	±3	±3	±3	
反翘		5	5	—	—	
面的凹凸		6	6	—	—	
弯曲		5	5	—	—	
对角线的长度		10	10	10	—	

PC板裂缝与破损的判定标准（引用文献11） 表2

	裂缝的形状	判定标准（不合格的标准）
接合用五金的附近	300以上 300以上	• 宽度超过0.3mm（承重墙） • 宽度在0.3mm以下，但发生在连接板端部单侧长度在300mm以上者（承重墙）
含有阳台的楼板	300 300 300 300	• 宽度在0.1mm以上 • 宽度未满0.1mm但发生在图中打斜线范围内长度达300mm以上者
插榫附近	500mm以上 500mm以上	宽度在0.3mm以下但裂缝或破损的范围横跨两个插榫者（承重墙）
预制墙板		不管发生在PC板的哪个地方，有下述情况者均不合格 • 宽度在0.3mm以上者（承重墙） • 宽度在0.3mm以下，但贯通构件者（承重墙）

107 请说明新旧填缝接触处或续接处的注意要点

1. 与异种填缝料接触时的施工注意要点

（1）通常最好是不要与不同种类的填缝料接触，不得已时应收集该异种填缝料的相关制造资料以及种类、施工顺序与方法、使用的底涂料等资料，并事先充分加以检查。

（2）对异种填缝料进行相互粘结试验。

2. 异种填缝料相接触的适当性（表1）

异种填缝料相接触的适当性（引用文献12）　　　　表1

先行施工材料 ＼ 后续施工材料	硅(Silicon)	改性硅(Silicon)	聚硫胶(Polysulfide)	聚氨基甲酸(乙)酯(Polyurethane)	丙烯	SBR	异丁(烯)橡胶(Butyl Rubber)	油性
硅（Silicon）	O	×	×	×	×	×	×	×
改性硅	O	O	△	×	×	×	×	O
聚硫胶（Polysulfide）	O	O	O	O	O	O	O	O
聚氨基甲酸（乙）酯（Polyurethane）	△	△	△	O	△	×	O	O
丙烯	△	△	△	△				
SBR	×	×	△	△	O	O	O	O
异丁（烯）橡胶（Butyl Rubber）	×	×	×	△	△	O	O	O
油性	×	×	×	×	×	×	×	O

O：可　　×：不可　　△：要检查

108 预制钢筋混凝土板式结构的安装作业的安全对策

预制钢筋混凝土板工程的安全对策　　　　　表1

项目		内容（概要说明）
大分类	小分类	
1. 安全卫生管理体制	1.1 相关主管建筑机关的申请（报备）作业	● 向劳动标准监督署、公共职业安定所、劳动标准局等提出申请（报备）的书面资料
	1.2 安全委员会	● 安全委员会的设立与会议的举行（组织表的制作） ● 安全卫生协议会的设立与会议的举行（组织表的制作）
2. 安全卫生活动	安全组织功能的提高	● 安全活动、教育训练的实施，实行就业训练、健康管理、灾害预防等活动 ● 安全日志的记录
3. 临时道路	3.1 构件搬入用道路	● 路盘应平坦坚固（铺碎石、铁板或地基改良等）
	3.2 起重机行走用道路	● 采用移动式起重机时路基必须有均质的承载力，同时也要具有平坦度（同上）
4. PC构件的存置	4.1 存置设备（架台）	● 应使用稳定性较佳的架台（避免产生倒转的情形） ● 架台应有安全通道及升降设备的设置 ● 架台周围应设有作业员的安全通路
	4.2 PC板存置场所的路基	● 路盘应夯实到平坦且坚固的程度，不可有下陷的情况发生，存置场所周边应设排水良好的侧沟
5. 作业准备（临时）	5.1 扶手、栏杆	● 在危险的地方（如楼板开口，开放性的走廊，楼梯周围等）应设置扶手 ● 与上述相同的地方应同时设置栏杆、绳索、安全网等，并应有危险的标示
	5.2 脚手架、工作台	● 脚手架、工作台应在PC板组建前架设妥当并应稳固地系妥 ● 应对脚手架、工作台进行检查（定期，强风、大雨时，大雪后，地震后，PC板组建时或解体时，变更组建顺序时）
	5.3 高脚梯	● 使用高脚梯支撑踏板时，踏板最少应有三个支点（高脚梯）支撑 ● 单独使用高脚梯时应有制止器（Stopper）的设置，并要充分把握周围的状况
	5.4 升降设备	● 高度超过1.5m的场合必须设置升降设备（升降设备的形式应符合法令的要求） ● 禁止使用木制梯子
	5.5 其他（如标志、标语的张贴等）	● 主要的标志有： 禁止进入，禁止运转，注意，危险，注意开口部，最大承载荷重，严禁烟火，禁止使用，安全通路，消防器材等 ● 必要时也应配合设置防护设备（如路障、围篱、栅栏等）
6. 临时用电气设备	6.1 配线盘	● 配线盘应分别标示负责人员的姓名 ● 配线盘周围不可放置易燃物品，也不可放置资料设备 ● 应测试漏电防止器运作的正常性 ● 其他（如配线盘的箱子不可呈开放状态，不可以将电线直接插入插座内，应使用适当的保险丝等）
	6.2 配线	● 禁止使用扁形乙烯软电线 ● 要检查包覆电线的外皮有无损伤、老化 ● 配置在道路通路上的电缆线应保护妥当 ● 其他（如检查电线的接续处胶带的包覆是否妥当，在潮湿的地方电缆线的绝缘措施是否良好等）

续表

项目		内容（概要说明）
大分类	小分类	
7. 天候	7.1 风	• 风速超过 10m/s 以上时应停止组建作业（两名组建作业人员无法停止 PC 板因强风而产生的旋转、移动时的情况下） • 有瞬间强风产生时也要停止作业
	7.2 台风	• 在组建进行中有台风来临时应加设支撑补强，以防 PC 墙板的倒坏 • PC 板的存置场内需有防止倒坏的措施 • 起重机在台风来袭时应有防止其重臂架倒坏的措施 • 其他（如防止工程用资材的飞散，检验脚手架的条件以及对脚手架的补强等）
	7.3 下雨时	• 大雨时应停止 PC 板的组建作业 • 下小雨时应在没有组建障碍的情况下进行组建作业，而焊接作业应有适当的保护措施，否则不可进行焊接作业
8. 起重机	履带式起重起	• 应对机种的选定加以周全的考虑（高度、作业半径，总荷重） • 确认吊装作业时的指挥信号 • 应进行定期的自主检查（各种安全装置，吊索，吊钩等的检查）以及确实执行作业前的检查 • 应有禁止进入吊装作业区的措施（应设置有禁止施工人员以外的人进入的路障、绳索等措施以及适当的标示牌
9. 焊机	9.1 焊机	• 焊接机进场前应进行检查，并应发给许可证（明示所属单位，操作人员）以利管制 • 应确认要附有防止电击的装置 • 焊接机本身应确认要有接地装置 • 其他注意事项（如使用中的标示，使用后的整理等规定）
	9.2 设置场所	• 不可设置在阳台及其他会遭雨水侵袭的场所 • 设置在户外时应架设护棚保护 • 周围不可堆置易燃物品
	9.3 配线	• 一次侧配线应配合作业场所周围条件的需求尽量采用橡皮绝缘软电线，使用橡皮绝缘软电线时不可使用已经老化的电线 • 二次侧配线应设置电缆线插座
	9.4 焊条夹具	• 夹焊条用的焊条夹具不可使用破损者
	9.5 保护措施	• 焊接时应使用防护面具，滤光镜，遮光板，皮手套等防护用具
10. 组建用工具	10.1 吊索	• 荷吊用钢索应在作业开始前进行检查（应为符合 JIS G 3525 的规定的 JIS 规格品，不可有扭结，破损等情形） • 以钢索吊 PC 板时，荷重角度应在 60°以下
	10.2 挂钩、钩钎	• 挂钩应使用符合 JIS 规定的规格品（JIS B 2803） • 钩钎也应使用符合 JIS 规定的规格品（JIS B 2801）
	10.3 千斤顶、链滑车	• 应配合荷吊的重量使用
11. 组建用的斜向支撑	11.1 形式、形状	• 应使用销接式螺丝调整方式的支撑 • 支撑本体（JIS G 3444），销（JIS G 4051），其他部分（JIS G 3101）等的材质均应符合 JIS 的规定
	11.2 维修检查	• 应检查有无弯曲变形以及螺丝调整部的情形 • 检查插销的插孔有无变形 • 其他（螺纹有无变形，生锈，破损，螺栓，垫片）的检查

☆参照第 140 项

109 请说明幕墙的种类及性能

1. 幕墙的概要与分类

幕墙是在建筑物外周所围成的非承重、在工厂制造的墙壁。因此较容易确保品质并可缩短现场施工的工期。幕墙的种类如下：

（1）金属幕墙：有不锈钢、铝合金等材质。依安装的方式又可分为安装于楼板上，安装于骨架上，嵌于楼板间的窗墙等。

（2）预制混凝土（PC）幕墙：所使用的混凝土有普通混凝土，轻质混凝土，发泡混凝土等，安装的方式有安装于楼板间的嵌板式，与分为柱形板与梁形板单元的柱、梁形方式等。

（3）复合式幕墙：由上述（1）与（2）两种组合而成，可分为腰板采用 PC 幕墙的水平式以及以 PC 构件为骨架的垂直式两种。

2. 幕墙的综合性能

幕墙设计时应根据综合性能表决定其等级。具体的性能检查项目如下述。

（1）风：最大风压力以及平常的风压力

（2）地震：最大地震力以及平常产生的地震力

（3）雨：降雨量

（4）热：对日射所造成的最大温差的预测

（5）结露：对结露水的处理方法

（6）音：隔声材料的检查

（7）气密性：确保气密性的检查

（8）其他：因电位差产生的腐蚀，避雷措施，施工（安装）方法，面外变形，面内变形等的检查。

110 粉刷作业前钢筋混凝土结构体的基层处理与抹灰修补的重点是什么？

混凝土结构体粉刷作业开始前的检查重点　　　　　表1

工程、工法、部位	具体的对策（粉刷作业前的各种安排内容）
1. 拆模后	拆模后应对混凝土表面状态进行检查，如有瑕疵应配合下述方法加以处理 1.1　新旧混凝土处的空隙、蜂窝等现象应以水泥砂浆充填 1.2　因模板不平整而产生混凝土表面高低不平处应凿平 1.3　混凝土表面不平整的部分事前应填平（一次涂抹厚度应在10mm以内） 1.4　模板内预埋的木楔及内撑隔件应在拆模后予以除去
2. 新旧混凝土接续部、冷缝、窗框周围	2.1　施以水泥砂料防水处理 2.2　施以填缝材料防水处理 2.3　施以涂布防水膜处理
3. 硬化不良部分、发生龟裂部分	3.1　龟裂或硬化不良部分深度不深时可以铁刷将该部位削除后以水泥砂浆补修 3.2　龟裂或硬化不良部分深度较深时，应予以凿开以加压方式注入水泥砂浆或树脂
4. 使用钢模或表面涂有树脂的模板时	4.1　由于表面过于平滑将会造成粉刷层的附着强度不足，因此应将表面予以粗糙化，或处理成适合粉刷用的基层状况 4.2　充分调查脱模剂，使用不对抹灰涂料有恶劣影响的材料
5. 使用人工的轻量骨料	施工前应充分洒水

参考："粉刷工法与基层的关系"

粉刷材料的种类	基层的种类以及内外墙的区分	以胶合板为模板浇灌出来的混凝土基层		以金属模板浇灌出来的混凝土基层		混凝土砖墙砌成的基层		ALC板基层		PC板等所构成的基层	
		内	外	内	外	内	外	内	外	内	外
水泥砂浆系列材料	①水泥砂浆粉刷（基层未施以处理剂）	○	△	△	×	△	△	×	×	×	×
	②水泥砂浆粉刷（涂有基层处理剂）	○	○	○	△	○	○	△	△	△	×
	③混有无机材料的水泥砂浆粉刷（基层未施以处理剂）	○	△	△	×	△	△	×	×	×	×
	④混有无机材料的水泥砂浆粉刷（涂有基层处理剂）	○	○	○	△	○	○	△	△	△	×
	⑤以工厂生产的市售水泥砂浆涂料成品作为粉刷材料（基层未施以处理剂）	○	△	△	×	△	△	×	×	×	×
	⑥以工厂生产的市售水泥砂浆涂料成品作为粉刷材料（涂有基层处理剂）	○	○	○	△	○	○	△	△	○	○

注：（1）○：适合　△：要注意　×：不适合
　　（2）ALC板的基层：以加有基层处理剂的水泥浆粉刷
　　（3）PC板等的基层：基层应以钢刷刮粗并以水仔细洗净

111 请说明钢筋混凝土结构体的表面以水泥砂浆修补时，防止修补处产生裂缝的对策

1. 发生龟裂的原因

（1）因基层产生的问题（基层污积，附着油类，底部有脆弱处）

（2）因补修用的水泥砂浆粘着力的问题而发生

（3）因材料收缩的问题而引起

（4）因施工的问题而引起（重复粉刷，养护不良等）

2. 确保粘着力的基本要求

（1）要确保粉刷层容易与基层粘结

（2）增大粘着面积

（3）确保粘着面吸收适当的水分

3. 具体对策

（1）基层有污积及油脂附着时应将其洗干净，此时应以中性清洗剂等将附着物完全清除。

（2）将基层脆弱的部分予以凿除，过于平滑的部分应以砂轮等修整工具弄成粗糙面，比举与增大粘着面积有相当关联性。

（3）将基层予以适当的湿润，并以调整吸水用的封（毛细）孔剂、粘着剂等材料处理基层。

（4）粉刷所用的砂应尽量采用颗粒较粗者，粉刷材料，应加入保水剂及合成树脂乳剂等材料以利粉刷时产生良好的涂抹性（粉刷时才可保持镘刀的可操作性）。

（5）涂抹厚度不宜过厚，若需分层分次涂刷时，应待前一层已涂刷部分充分干燥后方可再涂后续的一层，一次涂刷厚度依 JASS 的规定应在 6mm 以内。同层次的粉刷所用材料的配比由底层往外应分别依高配比至低配比调配。

（6）镘刀应使用小型镘刀才可使粉刷的压力平均分布于涂面上。同时应注意粉刷面不可粉刷得过于光滑。

（7）应依粉刷厚度与面积大小在适当的距离与位置设置勾缝。

管理手法

112 何谓 TQC?

1. 什么叫做 TQC？

TQC 是 Total Quality Control 的简称，即"全公司的质量管理"或"综合性的质量管理"。

大多数日本的建设公司都设置有"TQC 推动单位"来推广此活动。

建筑的 TQC 是以完工后要移交给业主的建筑物的品质为对象，而对建造该建筑物所衍生而出的各种营业活动，及设计、估算、契约、工程（包括与合作厂商的关系、睦邻对策等），维护管理等一连串的生产过程所进行的质量管理活动。

2. 建筑工程与 TQC

（1）确立施工管理体制：管理体制是为使现场的品质管理能顺利的实施起见而建立的，它可明确地划分出责任的分担范围。

（2）与合作厂商的品质契约：应掌握的内容有，明确定出契约内的品质项目，指定品质，确认作业者的技术资格，检查项目与内容的制定等。

（3）施工的 4M 管理：应彻底进行对 Material（资材），Machine（施工机具），Man（作业人员），Method（作业方法）等项目的管理。

（4）工程品质管理表（QC 工程表）的活用：应有明示作业查核重点（管理时机，测定方法，取样方法，管理手法，计测器的使用等与工程有关事宜）的管理一览表。

（5）活用查核表、手册：应有依工种不同而定的品质查核表，工程查核表，作业标准手册等资料作为品质管理的工具。

（6）作业人员的技术、技能教育：可借此等教育使作业人员对技术层面的改变，新材料、新工法的出现有所适应。

（7）作业人员品质意识的改革：可借品管圈（QC Cycle）的活动来达到目的。

（8）睦邻对策：对于因施工产生的噪声，震动，工程车辆的出入，灰尘，日照及电波障碍等种种问题，应采取适当的对策以期在不会造成与邻居关系恶化的情况下圆满顺利解决。

☆参照第 113 项

113 什么是 QC 七大手法？

它是透过客观的整理各种事情与现象，借由各种图表的活用来达到把握其中的法则性与规则性的目的。

通常 QC 七大手法是指：①柏拉图；②特性要因图；③柱状图；④查核表（Check List）；⑤管制图法（图表）；⑥散点图；⑦层别等七种统计方法，其中也有以管理图取代层别的场合。

（1）柏拉图

将不良、抱怨、事故等问题一一提出来绘成图形（参照图 1）以便寻找问题的重点所在。

大多数的场合常常是最初想到的 2 ~ 3 项问题的密度占全体问题的 60% ~ 80%。这一方法常常可以将重点项目予以显示出来。

事故种类	坠落、翻倒	飞落、掉落	交通事故	崩坏、倒坏	割伤、夹伤	触电	其他	合计
件数	87	43	30	17	9	7	2	195
(%)	44.6	22.1	15.4	8.7	4.6	3.6	1.0	100

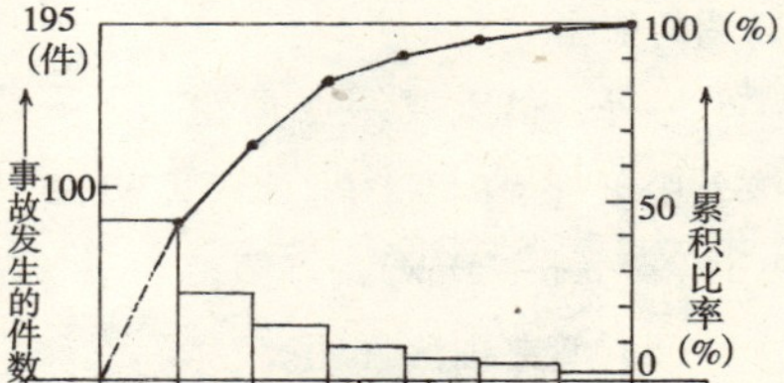

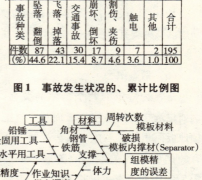

图 1　事故发生状况的、累计比例图

（2）特性要因图

为解决所找出的问题点而将其原因与结果的关系整理成特性要因图。由于此图形类似鱼骨因此也有人称为鱼骨图。要因的分类通常以 4M（Man：人，Machine：机械，Material：材料，Method：方法）来表示（参照图 2）。

图 2　组模精度产生误差的特性要因图

（3）柱状图

将所整理出的资料以柱状图的方式表示出来，由柱状的高低可以一眼就很快地掌握到问题的重点是此种图形的特性之一（参考图 3）。

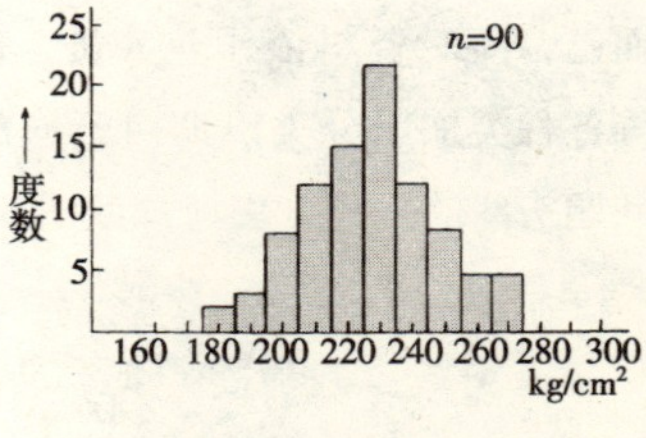

图 3　混凝土抗压强度的柱状图

(4) 查核表（Check List）

将不良的部分以及要查核的事项以可以统计的表格方式分别予以列出。制作此表时应以客观的立场、正确的资料来表达。也有以此表来作为绘制柏拉图或特性要因图的依据。

另外，很重要一点是在该表中要采纳 5W1H（Why，When，Who，What，Where，How）（参照表1）。

接配筋不良的部位查核表　　表1

楼层 内容	1F				2F			
	柱	梁	墙	楼板	柱	梁	墙	楼板
用错钢筋的种类			/				/	
钢筋根数配置错误		/						
排筋太乱	//			///				//
钢筋间距不符合规定	///	/						
钢筋绑扎不固			//			/		
钢筋保护层不足	///				/			
其他								

(5) 管制图法（图表）

具有可以很快了解资料所显示的意义的功能。其种类有折线图、棒状图、圆饼图等（参照图4）。

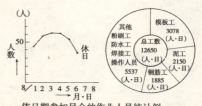

· 依日期参加早会的作业人员统计例
· 依职种分类的劳务工数比率统计例（%）

图4　折线图以及圆饼图

(6) 散点图

是表达特定的两个事项的关系，例如建筑规模（总楼地板面积，施工楼地板面积等）与施工人数或与安全有关的费用的关系等的图形（参照图5）。因此也有人以其表示两个事项的相关关系而谓之关系图。

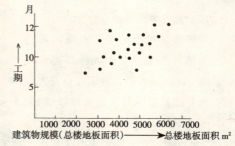

图5　建筑物规模与工期关系的散布图

(7) 层别

在抽出不良部分及改善问题点的场合，不仅只对全体的资料加以检查而已，尚对资料依作业人员，作业方法，材料等各种类加以分类以期由不同的层面找出解决问题头绪的一种方法（参照图6）。

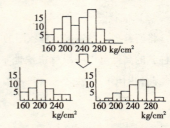

图6　混凝土抗压强度的层别图例

（8）管理图

对某一品质标准设定一定范围的标准值以对超过该标准范围的值判断为异常的一种图形（参照图7）。

其他当然还有各种不同的方法可以采用，但只要将70%~80%左右日常发生的各种问题采用此等管理手法来加以定量地把握的话，对于问题的解决就很有帮助了。最近，日本科技联合会的 QC 方法开发部委员会，还为推动全面质量管理的管理者开发出 QC 新七大手法，有兴趣的读者可自行参考。

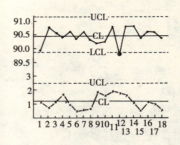

图7　PC 预制板厚度的 $\bar{X} - R$ 管理图

☆参照第 112 项

114 何谓 VE？

1. VE 的定义

VE 是 Value Engineering（价值工程）的简称。就建筑工程而言，VE 是为了要以最低的成本实现其规划、设计、施工、维护、管理等一连串建筑物机能，而以有组织的活动，对建筑物及其所要求的品质、耐久性等诸机能加以分析并寻求改善的一种实务手法。VE 是美国 GE 公司在 1947 年所开发出来的手法，最初被称为 VA（Value Analysis）。

一般而言 VE 是以以下的公式为评估依据

$V = F/C$ 其中 V：价值（Value）

F：功能（Function）

C：成本（Cost）

$C = C_1 + C_2$ C_1：生产成本

C_2：使用成本

2. 建筑工程现场的 VE

建筑工程定量价值判断的方法是以下式来计算

$$CD 率（\%）= \frac{（原来工法的成本 - 改善方案的成本）}{原来工法的成本} \times 100$$

$$省力化率（\%）= \frac{原来工法的劳务（人·工）- 改善方案的劳务（人·工）}{原来工法的劳务（人·工）}$$

就建筑业而言期待最能发挥效果的 VE 对象有如下数项。

（1）对建筑业有直接价值的临时工程、土方工程等

（2）反复次数较多的工程

（3）建筑规模（承揽金额，时间，劳务等）较大的工程

（4）与各工程均有关的安全管理、搬运等工程

工程管理

115 请说明各工种的照相存档作业的重点

在建筑工程现场应照相存证的种类及其与工程的关系的具体内容如表1所述。

工程摄影地点与要点（引用文献13） 表1

工程种类	摄影处所		摄影要点	摄影数
1. 工程现场	现场状况		全区域（广角摄影无法摄得全景时，可以用连续照相的方式完成）	视状况
	现场外周状况		主要运输路线的状况等	视状况
	障碍物		障碍物现场的形状尺寸，拆除后的状况	视状况
2. 临时设施	围篱		设置位置、高度	1~2
	临时用事务所仓库		考虑与建筑现场的关联性等	1~2
	放样用水准绳		全体照相并依栋分别拍照	栋别1 全体1
	挡土措施		施工状况、整体的挡土措施	2~3
	脚手架、构台		脚手架、工作台、防护设备等全体	1~2
3. 基础工程	天然地基	承载层	基桩打到承载层的深度，部分或整体的承载状况	视状况
		承载力试验	实施试验时的状况（含试验机器）	2~3
	预制桩	试桩	桩长、接头处的焊接、打入深度	各处拍一张
		预制桩制品	制品名称、直径、长度、制造年月日、根数	2~3
		打桩时	打桩时的全景（含打桩机器）	1~2
		桩头的处理	处理状况、桩心检查状况（局部状况以及可以看出整个接头的状况）	1~2
	灌筑混凝土桩	试桩	决定侧壁，确认持力层，测定钻孔深度	各处一张
		挖掘	状况照片（含机械在内）	1~2
		配筋	主筋根数，保护层、间距、接头	2~3
		浇筑混凝土	坍落度，含气量试验等状况及结果	各处1~2
		桩头处理	整个桩头混凝土的处理状况，桩芯检查状况	1~2
	混凝土工程	混凝土浇筑	浇筑作业、施工缝的处理、养护状况等	2~3
		预埋五金	施工状况、焊接面的养护状况	视状况
		基础混凝土的浇灌作业	基础、地梁等的形状尺寸	视状况
		品质试验	各次浇筑混凝土时的坍落度试验，空气量试验等的状况以及结果	1~2
4. PC构件制作（工厂）	模板		模板的检查状况（照相时以检查场地为背景）	1~2
	配筋		钢筋根数、间隔、补强筋的施工状况，PC构件配筋全景	2~3
	接合用预埋五金		安装状况	1~2
	接合用预埋五金		安装状况	2~3

9 工程管理

续表

工程种类	摄影处所		摄影要点	摄影数
4. PC构件制作（工厂）	浇筑混凝土		浇筑混凝土作业以及粉刷作业的状况	2~3
	养护		养护状况	1~2
	制品检查		检查状况	1~2
	各种试验		试验实施状况以及试验结果	1~2
5. PC构件的组建工程	PC构件的进场与现场的检查		卸货状况，制品检查状况	1~2
	各层PC楼板的定位状况		定位状况，接合部施工状况（焊接，接头处灌浆）	各2~3
	各层水平度调整		施工状况	2~3
	各层梁、墙板定位		定位状况，接合部施工状况（焊接，接头处灌浆）	各2~3
	各层水泥砂浆充填作业		接合用预埋五金，勾缝等的施工状况	各2~3
	组建		包括组建用起重机在内的全景	1~2
6. 防水工程	勾缝防水作业	横勾缝 纵勾缝	带状填缝材的施工状况，带状填缝材的连接、角隅部的施工状况，防水板的填缝施工状况。背衬材、填缝作业的施工状况	5~6
		屋顶	液状填缝材，塑胶防水纸的施工状况，通气管、立板处等周围的防水施工状况	2~3
		走廊、阳台	液状填缝材，塑胶防水纸的施工状况，平顶部分的勾缝背衬材、填缝作业的施工状况	2~3
	浴室、厕所油毡防水		防水处基层的施工状况，各种粉刷的施工状况，排水沟渠处、立板处周围的防水施工状况，指定材料等	各施工步骤 1~2
	屋顶面防水、隔热		同上 隔热板的厚度、施工状况，压缘砖或压缘混凝土的施工状况	各施工步骤 1~2
7. 木结构工程	地板		大梁、隔栅等的形状尺寸、间隔、防腐剂涂布情形（彩色相片）	1~2
	内装装修板材		安装情况	1~2
	平顶基层		预埋吊件（顶棚卡簧），吊子、角材的间隔	1~2
	墙隔热板		隔热板的厚度，施工状况，胶粘剂等	1~2
8. 金属工程	扶手		阳台、走廊、窗户、平台等处扶手的安装（焊接处等）状况	1~2
	各种五金		晾衣架、落水管等各种五金的预埋状况以及安装（或焊接）的情形	1~2
9. 粉刷工程	各粉刷处		基层，各层粉刷的施工状况，水泥砂浆混合剂等	1~2
	门窗框周围的填缝作业		各门窗框周围水泥砂浆的填塞状况	1~2
10. 涂装（喷涂）工程	基层		处理状况	2~3（彩色相片）
11. 其他	各种试验		浴室防水试验，浴室防水施工完成后的放水（浸泡）试验	各1~2

注：4. PC构件制作（工厂）是场外项目。

116 工程表的主要目的及表现方法是什么？

建筑工程在开工之前常需将各工程（作业）的内容、施工顺序予以图表化，此等图表化的东西称为工程进度表。此等工程进度表是作为查核或修正由开工起到完工为止的各种工程作业进度的依据。而此等工程进度表的制作、修正等管理业务称之为工程管理。

1. 依使用目的而分类的工程进度表（表1）

依使用目的而分类的工程进度表　　　　　表1

名　称	使用目的、内容
1. 综合工程进度表（全体工程进度表，基本工程进度表）	● 表示由开工开始到完工为止的整体工程（作业）内容 ● 可借以把握主要工程、各工程项目的施工顺序 ● 可借以检查全体工程（作业）的进度
2. 期限工程进度表（双周工程进度表，月工程进度表，周工程进度表）	● 以综合工程进度表为依据表示出各月及各周的详细工程（作业）内容 ● 由于例假日等均有记入工程表内，因此可把握住详细的作业顺序 ● 周工程进度表由于可正确把握各作业的顺序关系，因此可充分作为每天与各职种协调的参考
3. 工种（局部）工程进度表	● 主要在于详细表示出各工程或各职种的作业顺序 ● 基本上被用来作为对机械、劳务、临时、安全等的检查用
4. 部位（局部）工程进度表	● 用于高层建筑及具反复作业等特性的工程，主要用于工程中能有系统地推动的场合 ● 用于须将结构体工程的施工流程制成标准的作业顺序的场合
5. 其他	使用临时材料、机械的工程进度表，使用设备机械的工程进度表（预定要使用电力等的进度），劳务计划工程进度表等

2. 依工程进度表的表示方法的分类

（1）条状工程进度表：以纵轴为作业项目，横轴为时间，将工程由开始作业到完工为止以棒状的方式表现出来的进度表。

（2）网络工程进度表：将作业关系以箭头、箭尾及节点的方式所表示出来的工程表。又分为以节点的圆圈表示作业的单代号式及以箭线表示作业的双代号式。

9 工程管理

月、日 作业	4	5	6	7	8	9
挡土、开挖作业	■	■				
基础			■			
上部结构体			■	■	■	
装修						■
设备			■	■	■	■

图1 条状图

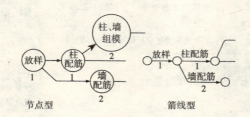

节点型　　　　　　　　箭线型

图2 网络工程进度表

☆参照第002项

117 请说明网络工程表的用语与符号的意义

网络工程进度表所用的用语、符号及其意义如表1所示。

网络进度表的主要用语及其记号　　　　　　表1

用 语	记 号	定 义	表示、计算等
关键线路	CP	在箭线型网络进度表中表示由开始结点到终了结点最长的路径，在单代号式的网络进度表中表示由最初作业到最后作业的最长线路	各作业所求出的 TF 为零时就为关键线路。在简单的网路的场合可检查所有的路径后求出其最长的线路
节点	→○→	指箭线型网图上作业与作业结合的点，或者是网图中某一工程的开始点或终了点	在箭线型网图中以记号→○→表示，附以号码（正整数）
节点时刻		在箭线型网图中所计算出来的结点时间	
最早开始时间	E.S.T	作业可以开始的最早时刻	先行作业有两个以上时，此两个先行作业中最早终了时间最多的作业即为下一作业的最早开始时间
最早终了时间	E.F.T	作业可以终了的最早时刻	为最早开始时刻加上该作业所需的时间
最早节点时间	E.T	由开始结点起到网图上某一作业的结点止的路径中，通过的路径最长而最早到达对象结点的时刻	
最迟开始时间	L.S.T	对网图上某一作业而言，在不影响其工期的范围内可以最慢开始的时刻	由最迟终了时间减去该作业所需时间后的时间
最迟终了时间	L.F.T	对网图上某一作业而言，在不影响其工期的范围内可以最慢完成的时刻	由最后节点的 ES 开始顺次减去先行作业所需时间即为该结点的 LF，该结点的后续作业有两个以上时按时间最小值的作业来计算
最迟节点时间	L.T	指自任意结点开始到该网图的终了结点为止的路径中时间最长的路径。亦即工程可以在没有时间压迫的情况下开始的路径	
作业（箭头线）	○→○	构成网络的作业单位	箭线型网路时以箭线→表示
所需时间	D	各作业所必要的时间	
宽裕时间	SL	节点的等待时间	

续表

用　语	记　号	定　义	表示、计算等
虚作业	○--→○	双代号网络图中无法正确表现作业间相互关系的一种表示法。并没有时间要素的含意在内	箭线型网路中以"虚箭线"表示
干扰余裕时间（干扰浮时）	DF	会对后续作业的最大余裕时间（总浮时）造成影响（亦即影响后续作业的最早开始时间）的余裕时间（又称 Interfering Float）	DF = TF − FF
最大余裕时间（总浮时，Total Float）	TF	自最早开始时刻开始作业到最迟终了时刻完成的场合所产生的余裕时间，为一路径上所共有的时间，若该时间为该路径上的任何一个作业所用掉时会影响其路径上其他作业的最大余裕时间	
赶工时间		在作业的时限内因赶工需要再缩短的时间	
路径（Pass）		连有两个以上作业的网络称之为路径	
自由余裕时间	FF	某一作业自最早开始时刻开始，其后续作业也是自最早开始时刻开始，而其所存在的余裕时间即使在其作业中自由使用也不会对后续作业造成影响。余裕时间称之为自由余裕时间	
余裕时间（浮时）		作业的余裕时间	

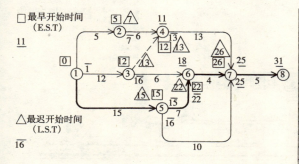

作业结点	E.S.T	E.F.T	L.S.T	L.F.T
①→②	0	5	1	7
①→③	0	12	1	13
①→⑤	0	15	0	15
②→④	5	11	7	13
③→④	12	12	13	13
③→⑥	12	18	16	22
④→⑦	12	25	13	26
⑤→⑥	15	22	15	22
⑤→⑦	15	25	16	26
⑥→⑦	18	22	22	26
⑦→⑧	26	31	26	31

图 1　网络图方法的算例

118 何谓多工区分割同期化工法?

1. Multi-Activity Chart（多工区分割同期化工法）的概要

本手法的特征是对每个作业小组（Team，也有以工种来分组者）以及施工机械把握其相互间的施工时间与顺序。因此此种规划的手法之一即是将各作业组织的作业时期加以适当的规划。

2. Multi-Activity Chart（多工区分割同期化工法）的绘制顺序

（1）分割工区（由于与全体的工期有关，因此所划分出来的工区应适合下一步"各工区施工时间的设定"作业的进行。又，工区分割应尽可能越小越好，这样各工区的施工时间就会少，反复的次数也会越多，施工熟练进行的效果也会较佳）（参照图1）。

（2）各工区施工时间的设定（由各分割工区的关系求出最适值）

（3）作业小组的构成

（4）各作业小组作业顺序，作业日程的规划

（5）拟定临时机械、材料的转用计划

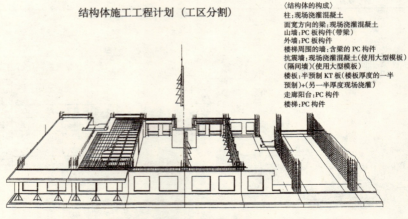

图1 工区分割例

3. Multi-Vctivity Chart（多工区分割同期化工法）的具体案例（图2）

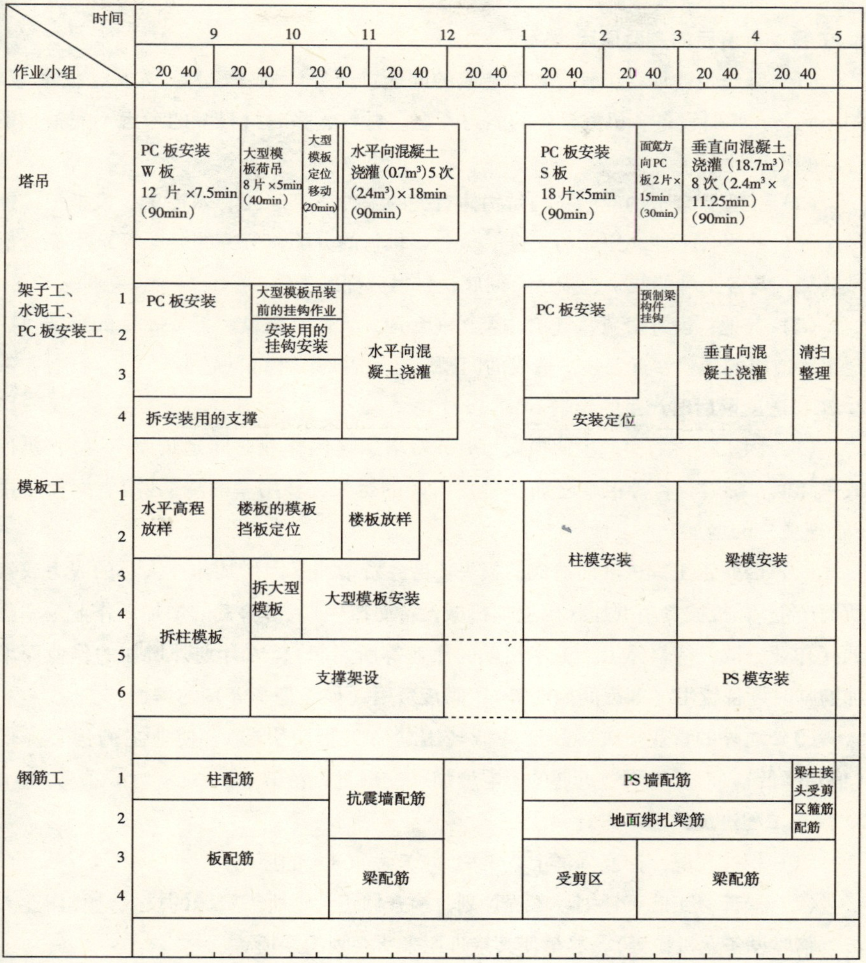

图2　多工区分割同期化工法（Multi-Activity Chart）的具体案例

119 请说明造成工程延误的可能原因及其影响

1. 工程进度落后的主要原因

（1）因施工计划，工程计划而造成的问题：劳务计划（职种，人员，技术等）的不完备，临时设备、机械设备的能力不足，材料、临时材料等的考虑不完备，不合理的工程计划。

（2）工程管理上的问题：与结构体有关的工种（架子工，水泥工，模板工，钢筋工等）的组合不佳。作业的安排（资材、机材的分配，劳务的分配等）不良，机械故障，与各工种的联络、指示不彻底，材料分配的失误。

（3）其他：设计变更，气象，天气（台风，大雨，强风，下雪等）的影响，法定手序造成的延误，近邻住户造成的问题，交通阻塞产生的问题。

2. 工程进度落后时产生的影响

（1）因工程落后而产生的损失：劳务费增加（因作业时间延长而产生），机械效率降低，临时材料等租金增加（使用时间的延长，转用率的降低等），间接费用（管理费）的增加。

（2）因修正工程进度而造成的损失：劳务费增加（因增加作业人员的人力或素质而产生），机械费用增加（因追加机械设备而产生），材料费的增加，作业效率降低（作业分散，待料停工，工序相反的作业等所引起），因计划外增加的作业而增加的临时设备费用（如夜间照明等），间接费用（如管理费等）的增加。

（3）对外的营业损失：品质降低（因紧急工程而引起），使业主的信心降低（信用降低），对工地周边近邻的影响增加（交通量，污染等）。

3. 修正工程进度的基本方针

（1）把握现况：彻底弄清上述 1 中（1）～（3）的原因。

（2）局部修正施工计划、工程计划：检查修正计划所需资源的投入量（作业人员、临时设备、机械等），尽量使其接近原来所规划的规模。

（3）改善作业方式：观察作业方法，记录并进行分析以提出替代方案或对原工法做修正。

劳务、资材的管理

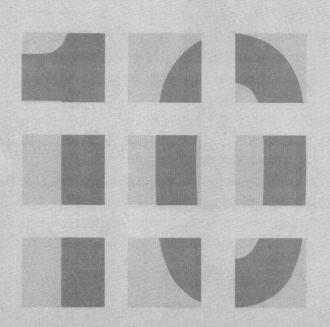

120 以拖车作为运输工具时会有什么限制？

以卡车，拖车运送的场合其法规的规范如图1所示。

(1)(11t)卡车的载货许可范围

(2)(11t)卡车载重许可范围

(3)(18t 高速)高床式半拖车载重许可范围

(4)(20t) 低床式半拖车载重许可范围

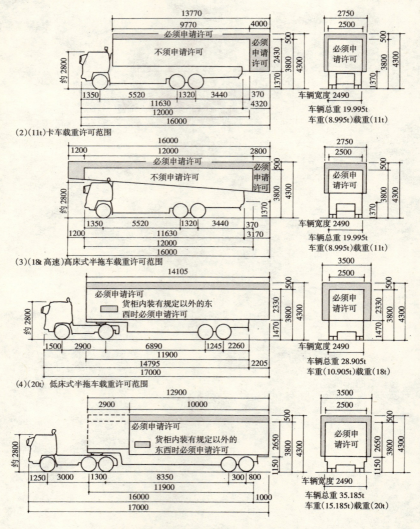

图1　法规对一般运送范围的规定（日本）

☆参照第021项

121 请说明代表性的起重机的性能

1. 桅杆式起重机（Jib Crane）、爬升式起重机（Clime Crane）及油压式卡车起重机（Wrecker 油压式 Truck Crane）

上述各种起重机有各种不同的主要用途，互相比较检查有其困难性。若将范围限定在 RC 结构与 SRC 结构的钢筋材料与模板材料等的起重作业来比较的话较有可行性。

2. 机能比较表（表 1）

起重机的机能比较 [起重机（Crane）与油压式卡车起重机（Wrecker）的比较]   表1

项目	机种		40tm 以下 桅杆式起重机 （Jib Crane）		30tm 以下 爬升式起重机 （Clime Crane）		20t 吊以下 油压式卡车起重机 （Wrecker）
起吊重量		△	小（最大4t）	△	小（最大2t）	○	大（最大20t）
吊升高度		○	可达15层以上（最高70m）	○	可达15层以上（最高60m）	×	10层以下（最高35m）
作业半径		○	25m 左右	○	20m 左右	△	10~15m
提升速度		△	20m/min 左右	△	20m/min 左右	○	70m/min 左右
回旋速度		△	0.5rpm	△	0.5rpm	○	2.0rpm
操作方法		○	遥控，不需执照	○	遥控，不需执照	△	专用操作室，需执照
安全性		○	有防止超载装置 安全装置完备	○	同左	○	同左
适用建筑物	RC	×	不适	○	适合	○	适合
	SRC	○	适合	○	适合	○	适合
基础		△	设置在屋顶上时 建筑物需补强	×	设置在地上时需设 混凝土基础	○	不需基础但伸缩脚 架部分需加以养护
设置	空间	○	5m×5m 以下	○	4m×4m 以下	×	6m×10m
	时间	△	8~10h 左右（1日~2日）	△	8~10h 左右（1日~2日）	○	10min 左右
对建筑物的影响		△	有（支点反力）	△	有（支承桅杆的水平力）	○	无
搬出搬入现场的方法		△	需以卡车搬运	△	需以卡车搬运	○	自走式
安装、解体作业		×	需以其他的起重机配合进行	×	需以其他的起重机配合进行	○	不需借助其他的起重机
一天的租金		△	20000日元左右	○	13000日元左右	×	70000日元左右
备注			安装、解体的费用较多也较费时，但操作简单不占场所，对高层的SRC工程最为适宜		安装、解体的费用较多也较费时，但操作简单不占场所，适用于SRC、RC等建筑工程		综合而言较优于其他种类的起重机，适于有较大设置空间的现场

注：○：表示最适合或有利 △：表示适当或有条件下可能
　　×：表示不适当

122 何谓施工联合体（JV）？

1. JV 方式的概念

（1）JV：是指多数的营造厂商共同承揽建筑工程并共同分担损益的一种共同经营方式。

（2）JV 方式的沿革：JV 经营方式最初导入日本是在 1950 年的冲绳美军基地工程，是日、美的建设商为分散风险而采取的一种经营方式。

2. JV 方式的优点

（1）分散风险：尤其是对大型工程而言，由于对现场的诸条件、现场的习俗、其他无法预测的部分无法掌握，容易招致损失时更适合采用。

（2）可增加融资金额：对大型工程而言，常常必须有较多的契约保证与运用的资金，此种要求下通常不是一家营造商可独自承揽的。

（3）增加工程施工的确实性：在资金、技术方面由于多家参与而大幅增加，同时也由于责任由多家连带负责而能使工程的施工更具确实性。

（4）施工技术的扩充：由技术差异较大的承包商共同承揽工程时，可借助施工的机会而使得专业技术及经验较少的业者获得吸收的机会。

3. JV 方式的问题点

（1）法律的问题点：由于 JV 不具法人资格，因此解散后责任落实不明确。

（2）营运上的问题：JV 成员间的连络不顺时易造成业务上的障碍。

（3）成员间施工能力落差的问题：易造成工程延误、放弃、施工不良、工程价款计算迟误等诸问题。

（4）组织上的问题：JV 各成员间的经营组织不同，因此易造成事情的处理，资材的调度方法，派遣人员的能力与待遇，经营管理等各方面不协调的场合。

（5）其他：产生事故时易造成责任分担的问题。

成本控制

123 建筑工程造价的估算内容有哪些？

1. 依不同工种而分的估算内容与依不同部位而分的估算内容的关系（表1）

不同工种~不同部位分类的估算内容的关系（引用文献18）　　表1

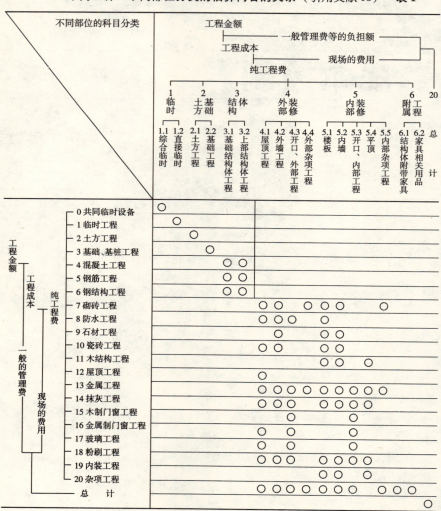

11 成本控制

2. 综合（共通）临时费用以及现场费用的项目内容（表2，表3）

综合（共通）临时费用的项目内容　　　　表2

项目	内容
准备工程费用	基地测量，整地，去除障碍物，借用道路，地下管线撤除，电线杆、行道树的移设，临时道路铺设，L型侧沟缘石降低，步道维护，构台、临时用路桥、道板、邻房养护，借地等有关费用
临时建筑费	临时围篱，临时用事务所，宿舍，仓库，厕所，警卫室，劳务安全，防灾措施等有关费用以及租屋费用等
临时设备费	受、变电设备，给排水，照明，通信，广播等设备的费用
动力用水、光、热的费用	电力，燃气，用水，排水等费用，接水接电以及石油等燃料的费用
试验调查费	全部的试验、试作、调查等费用
整理、清洁费	全部的整理、清洁、整顿、养（维）护费用
机械器具费	各种共用的机械器具的费用
搬运费	各种共用的搬运，共用临时材料的搬运等费用
其他	各种共用的其他临时费用

现场费用的项目内容　　　　表3

项目	内容
劳务管理费	劳务募集费用，安全、卫生、福利保健费，劳务补偿费，其他的劳务管理费等
租税费用	印花税，现场的固定资产税，汽车税等
保险费	火险，运输险，车险，建设工程的保险等的保险费
从业人员的津贴	现场人员的津贴，奖金，租金等
退职金专款	现场人员的退职金专用款
法定福利费	雇主负担的现场人员保健费，福利年金保险费，劳动灾害保险费
保健、福利费	现场人员的娱乐费，服装费，医药品、健诊费，宿舍用品费
办公用品费	办公用消耗品，桌子、椅子等的事务备品费，报纸、杂志费，影印费
通信、交通费	邮电费，出差旅费，交通费，联络用车费
交际费	喜庆、丧事费，主顾、客人接待费
补偿费	第三者、物的损害赔偿费，现场保固保证金
杂费	上述以外的情况下所产生的现场费用
设计费	与本工程有关的外包设计费以及公司内部自行设计部分所分担的设计费

124 何谓实施预算？

1. 实施预算的目的与意义

（1）实施预算的定义：实施预算是针对施工活动也就是对建筑工程所进行的一种必要的施工前的成本计算。

（2）实施预算的制作时机：于签约完成后即应进行制作。因此它是在施工计划定案，施工条件明确之后的阶段所做的一种预算，与估算书并不相同。

（3）实施预算的目的：由于是在工程签约完成后所进行的估算，因此它是作为提高工程中的利益，达成具有高度可实现性利益目标的一个成本标准依据。

2. 实施预算的内容

其内容是以能促进工程中的发包，付款等管理作业简洁顺畅地计价为主，依工程种类分类时可分为材料费、劳务费、委外发包费以及其他费用等。具体内容如表1所示。

混凝土工程费的明细 表1

	项目（名称、尺寸等）	单位	数量	单价	金额
材料费	预拌混凝土强度（例） $Fc=15MPa$ $Fc=18MPa$ $Fc=21MPa$	m^3	a	b	$a \times b$ ……①
劳务费（工）	混凝土工 小工 粉刷工 混凝土泵车	人 人 人 台（总次数）	c e g i	d f h j	$c \times d$ ……② $e \times f$ ……③ $g \times h$ ……④ $i \times j$ ……⑤
其他费用	浇筑混凝土用脚手架损耗 振动器 试验（取样等）	m^2 台 次	k m o	l n p	$k \times l$ ……⑥ $m \times n$ ……⑦ $o \times p$ ……⑧
合计					①+②+③+ ④+……+⑧ Q 元/m^3（每 m^3 结构体混凝土的（工、料）单价）

125 请问在进行钢筋混凝土构造物的造价估算时,需要哪些与钢筋、模板等有关的数据及定额?

1. 建筑物、不同构造类的材料量

建筑物因种类(办公室,集合住宅,学校,工厂,医院等),构造(SRC 结构,RC 结构,S 结构,空心砖结构等),建筑规模,形状等的不同,致其所用的材料量(混凝土,钢筋,模板等)的多少也有差异。表 1 为办公室建筑与集合住宅的 RC 结构,SRC 结构的材料量的比较。

不同建筑物、不同构造的材料量比较　　表 1

建筑物种类	构造	混凝土		钢筋		模板		钢结构	
		m^3/总楼地板面积 m^2	—	t/总楼地板面积 m^2	t/每 m^3 的混凝土量	m^2/总楼地板面积 m^2	m^2/每 m^3 的混凝土量	t/总楼地板面积 m^2	t/每 m^3 的混凝土量
事务所	RC 结构	0.5~0.7	—	0.05~0.09	0.10~0.12	3.5~6.0	7.0~8.0	—	—
事务所	SRC 结构	0.4~0.7	—	0.04~0.08	0.09~0.12	3.0~5.5	6.5~7.5	0.06~0.07	0.03~0.05
集合住宅	RC 结构	0.4~0.6	—	0.04~0.07	0.09~0.11	3.5~6.0	8.0~10.0	—	—
集合住宅	SRC 结构	0.5~0.6	—	0.04~0.06	0.08~0.10	3.5~6.0	7.0~9.0	0.05~0.06	0.03~0.04

2. 标准定额

标准定额常被作为制作概算的标准。有很多定额是现场负责人员自实际工程实践中整理出来的统计数据。表 2~表 4 为混凝土工程,模板工程,钢筋工程的标准定额。

标准定额:混凝土工程(引用文献 14)　　表 2

混凝土定额

名称	单位	摘要	坍落度 (cm)	浇灌量 m^3/日	工(工/日)	特殊作业人员 (人/m^3)	其他
混凝土定额	m^3	使用预拌混凝土车	15~21	150	15	0.1	一单位

泵车浇灌量以及运转时间

名称	坍落度 (cm)	压送能力 (m^3/h)	作业量 (m^3/h)	浇灌量 (m^3/日)	运转时间 (h/m^3)	备注
一般建筑用	15~21	60	24	156	0.042	实际工作率 40% 实际工作时间 6.5h/日

标准定额：模板工程（引用文献14） 表3

(普通模板)

细目	单位	摘要	名称	规格	数量	单位	备注
模板	m^2	工作物的基础情况	胶合板	模板用厚12mm 0.9m×1.8m	1.25	m^2	24%
			散板		0.0076	m^3	35%
			角材		0.02	m^3	20%
			铁丝		0.09	kg	
			铁钉、五金		0.19	kg	
			脱模剂		0.02	l	
			模板工		0.07	人	
			普通作业人员		0.04	人	
			其他		一单位		
		钢筋混凝土结构建筑厚度12mm	胶合板	模板用厚12mm 0.9m×1.8m	1.06	m^2	24%
			辅助木材		0.0005	m^3	50%
			散板		0.0053	m^3	35%
			角材		0.0106	m^3	20%
			钢管		5.6	m	4%
			支柱		0.45	根	6%
			模板内撑件	螺栓式	1.2	根	
			模板紧结器	含垫片	2.3	根	20%
			铁钉、五金		0.3	kg	
			脱模剂		0.02	l	
			模板工		0.14	人	
			普通作业人员		0.08	人	
			其他		一单位		

注：备注栏的数值表示损耗率

11 成本控制

续表

(清水模)

细目	单位	摘要	名称	规格	数量	单位	备注
清水模	m²	钢筋混凝土结构建筑B种厚度12mm	胶合板	模板用厚12mm 0.9m×1.8m	1.12	m²	29%
			辅助木材		0.0005	m³	50%
			散板		0.0053	m³	35%
			角材		0.0106	m³	20%
			钢管		5.6	m	4%
			支柱		0.45	根	6%
			模板内撑材		1.2	根	
			模板紧结器	螺栓式含垫片	2.3	根	20%
			木楔块		2.3	个	20%
			铁钉、五金		0.3	kg	
			脱模剂		0.02	l	
			模板工		0.18	人	
			普通作业人员		0.1	人	
			其他		一单位		
		钢筋混凝土结构建筑厚度21mm实木板	板材		0.029	m³	40%
			散板		0.0053	m³	35%
			角材		0.0106	m³	20%
			钢管		5.6	m	4%
			支柱		0.45	根	6%
			模板内撑材		1.2	根	
			模板紧结器	螺栓式含垫片	2.3	根	20%
			木楔块		2.3	个	20%
			铁钉、五金		0.3	kg	
			脱模剂		0.02	l	
			模板工		0.35	人	
			普通作业人员		0.21	人	
			其他		一单位		

注：备注栏的数值表示损耗率

标准定额：钢筋工程（引用文献14） 表4

(钢筋加工绑扎)

细目	单位	摘要	名称	规格	数量	单位	备注
钢筋加工绑扎	t	壁式构造等建筑，全部采用异形钢筋，直径13mm以下的钢筋占全部钢筋数量的一半以上，接头采用以铁丝绑扎的搭接接头	铁丝 钢筋工 普通作业人员 其他	#21	4.5 3.9 0.8 一单位	kg 人 人	
钢筋加工绑扎	t	标准骨架式构造，全部采用异形钢筋。压接费另计，细径钢筋采用搭接接合、粗径钢筋采用压接接合。本工料分析含绑扎用铁丝	铁丝 钢筋工 普通作业人员 其他	#21	4.0 3.1 0.6 一单位	kg 人 人	
钢筋加工绑扎	t	钢结构钢筋混凝土构造等建筑，全部工程采用异形钢筋，压接费另计，细径钢筋采用搭接接合，粗径钢筋采用压接接合。工料分析中含绑扎用铁丝	铁丝 钢筋工 普通作业人员 其他	#21	4.0 3.5 0.7 一单位	kg 人 人	
瓦斯压接	处	19mm	氧气 乙炔 压接工 普通作业人员 其他		0.03 0.03 0.019 0.01 一单位	m^3 kg 人 人	
瓦斯压接	处	22mm	氧气 乙炔 压接工 普通作业人员 其他		0.04 0.04 0.023 0.012 一单位	m^3 kg 人 人	
瓦斯压接	处	25mm	氧气 乙炔 压接工 普通作业人员 其他		0.05 0.05 0.027 0.014 一单位	m^3 kg 人 人	
瓦斯压接	处	29mm	氧气 乙炔 压接工 普通作业人员 其他		0.065 0.065 0.033 0.017 一单位	m^3 kg 人 人	

品质管理

126 现场使用的检查工具有哪些？

对建筑物的位置（尺寸、高程）、进场材料的检查（数量，重量，外形，品质，尺寸等）以及施工品质的检查（与设计文件的对照，机能等的检查）所用的检查用具如表1所示。

主要检查用具类一览表　　　　表1

检查用具名称	检查对象、使用内容
5m 钢卷尺（凸面）	测定简单的尺寸（如钢筋、模板等安装位置，机械等的安装位置）
50m 钢卷尺	测定较大规模的尺寸（如建筑物位置，与钢结构工程尺寸的整合等）
水准仪	水平的高低差，高程的标准（放样等）
经纬仪	直线、垂线、直角（放样用，结构体的组建等）
水准器	水平构件安装时的简易测定
铅垂	构件安装，标准线需垂直移动时
水线，钢琴线	定位中心，平面等的测定（锚固螺栓的设置，阳台凸缘的出入等）
角尺	测直角
游标卡尺（测微器），线材号数规格	钢筋直径的量度，钢板厚度的测定，钢管管壁厚度的测定
试锤	焊接处焊渣的清除
温湿度计	测温度及湿度
坍落度计	测混凝土的坍落度（施工度的指标）
气流计	测混凝土内的空气量
施密特锤	以反弹强度判定混凝土的强度
pH 比较仪	混凝土，水泥砂浆面的酸碱性的判定
袖珍膜厚计	铁的镀锌及涂装厚度的测定
工地记录簿	记载施工记录，试验记录等的记事本

127 请说明钢筋混凝土工程的品质管理与 JASS 5 的关系

JASS 5 的品质管理、检查一览表（JASS 5 第 13 节 13.3～13.9）（引用文献 15） 表1

		项目	判定标准	试验、检查方法	试验、检查方法的时机、次数
使用材料的试验、检查与确认（13.3）	使用材料的试验、检查	水泥种类 骨料 混合用水 混合物（剂）	应符合设计文件或 JASS 第 4 节的规定	确认制造者所提出的试验成果等资料内所记载的数值应符合品质规程的规定	混凝土工程开始前及施工中随时
		钢筋以及点焊钢筋网	应符合设计文件或 JASS 第 4 节的规定	对照品质证明书（Mill Sheet），印章，各捆钢筋所标示的内容以及图章、签名是否符合进货单的内容。测定其直径与长度	混凝土工程开始前及进料时
使用混凝土的品质管理、检查（13.4）	混凝土作业开始前混凝土品质的确认	混凝土种类 规定强度 规定坍落度 粗骨料的最大尺寸 水泥种类 骨料种类 混合物的种类 单位水量 单位水泥量	应符合发包时的规定	依配比报告书确认	混凝土工程开始前
		杨氏系数	应符合发包时的指示事项	混凝土的应力－应变曲线的割线模数	混凝土作业开始前，必要时应先试拌合时
		含碱量[1]	依 $R_t = 0.01 \times R_2O \times C + 0.9 \times Cl^- + Rm \cdots$ （1）式计算时应在 3.0kg/m³ 以下 依 $R_t = 0.01 \times R_2O \times C \cdots$（2）式计算的场合应在 2.5 kg/m³ 以下	依据材料试验成果资料及配比报告书来确认	混凝土作业开始前
		注：含碱量的试验及检查对象适用于使用 JIS A 5308 附录 1 的区分 B 所规定的骨料。其所采用的含碱量骨料的反应控制对策为 1m³ 的混凝土中所含的碱（以氧化钠换算）总量在 3.0kg 以下的场合			

181

续表

		项目	判定标准	试验、检查方法	试验、检查方法的时机、次数
使用混凝土的品质管理、检查（13.4）	预拌混凝土进场时的检查与确认	混凝土的种类 规定强度 规定坍落度 粗骨料的最大尺寸 水泥的种类 运送时间 运送容积	应符合发包时的规定事宜	检查进场货单的记录	货物进场时每车检查
		单位水量	应在规定值以下	开始浇灌时，浇灌作业进行中或认为品质产生变化时	确认配比表以及混凝土的制造记录
		含碱量[1]	依 $R_t = 0.01 \times R_2O \times C + 0.9 \times Cl^- + Rm$ ……（1）式计算时应在 3.0kg/m³ 以下 依 $R_t = 0.01 \times R_2O \times C$ ……（2）式计算的场合应在 2.5 kg/m³ 以下	依据材料试验成果资料、配比报告书及混凝土制造厂管理记录来确认	每次浇灌时
		施工度以及新鲜混凝土的状态	施工度良好 品质应稳定	目视	进料时、进行抗压强度试验的采样时、检查结构体混凝土强度时的采样以及浇灌作业进行中认为品质变化时
		坍落度		JIS A 1101	
		空气量		JIS A 1116 JIS A 1118 JIS A 1128	
		抗压强度	a. 依 JIS A 5308 的品质规定 b. JIS A 5308 中没有规定的预拌混凝土的场合有特别规定依其特别规定，无特别规定时以 JIS A 5308 为准	依 JIS A 1108 的规定但应为经过标准养护龄期 28 天的强度	a. 依 JIS A 5308 的规定时，原则上试验次数为各浇灌工区、浇灌时每 150m³ 试验（检查）一次，每一次抗压试验（检查）应进行三个试件试验。 b. 不在 JIS A 5308 的规定范围内时，若有特别规定依其规定，无特别规定时依上述 a 项的规定

续表

		项目	判定标准	试验、检查方法	试验、检查方法的时机、次数
使用混凝土的品质管理、检查（13.4）	预拌混凝土进场时的检查与确认	含氯量		依 JIS A 5308 附录 5 JASS 5T-502 的规定	使用海砂等有含氯可能的骨料时，应在开始浇灌时以及每 150m³ 进行一次以上的含氯量检测，使用其他骨料时应每天进行一次以上的检验
		轻量混凝土的单位容积质量	应符合 JASS 5 16.8 的规定	依 JIS 1116 的规定	进料时，随时
	注：含碱量的试验及检查对象适用于使有 JIS A 5308 附录 1 的区分 B 所规定的骨料。其所采用的含碱量骨料的反应控制对策为 1m³ 的混凝土中所含的碱（以氧化钠换算）总量在 3.0kg 以下的场合					
混凝土工程的品质管理（13.5）	进行混凝土浇灌作业时的品质管理	运送机器及劳务组织	依施工计划书的规划	目视	进行混凝土浇灌作业时
		运送方法			
		浇灌作业的区划、顺序与速度			
		混凝土的落高			
		自拌合起到浇灌作业完成为止的时间	应符合 JASS 5 7.2 节的规定	确认时间	
		浇筑混凝土的间隔时间	应符合 JASS 5 7.5 节的规定		
		捣实机器与劳务组织	依施工计划书的规划	目视	
		捣实方法			
		模板、钢筋的位置	应保证规定的精度及保护层厚度，在浇筑混凝土时不可产生移位的现象	以量尺测定及目视	
		表面状态	应符合所要求的表面状态		
	混凝土养护中的品质管理	湿润、养护的方法与时间	依施工计划书的记载	目视	混凝土养护时
		养护温度	应符合 JASS 5 7.3 的规定	测定温度及目视	
		对振动、外力的防护	依施工计划书的记载	目视	

续表

		项目	判定标准	试验、检查方法	试验、检查方法的时机、次数
钢筋工程的品质管理与检查（13.6）	钢筋加工与绑扎作业的品质管理与检查	钢筋的种类与直径	依设计文件的规定	品质证明书（Mill Sheet），钢印，各捆钢筋上面所标示的资料与进货单对照。目视，测量直径	钢料进场时或搬入绑扎钢筋时
		加工的尺寸	应符合 JASS 5 11.2 之规定	以量尺等测定	依不同的加工类别，于钢筋进场时或现场加工后，一次一根或一组
		数量	依设计文件或施工图的规定	以目视以及量尺等工具测定	绑扎中随时或绑扎后
		钢筋位置			
		钢筋间隔			
		钢筋的搭接以及锚固位置与长度			
		钢筋的相互间距	应符合 JASS 5 11.5 以及 11.6 的规定	以量尺等测定	
		隔件、垫块以及钢筋支撑的材质、配置、数量	应符合 JASS 5 11.5 以及 11.6 的规定	目视	
		钢筋的固定度	在混凝土浇灌作业进行之际钢筋不可有变形、移位的现象产生	目视	
	钢筋瓦斯压接接头部的品质管理与检查	全数检查 外观检查	a. 压接部鼓起的直径应为钢筋直径的1.4倍以上 b. 压接部鼓起处的长度应为钢筋直径的1.1倍以上，且其形状的变化应平顺 c. 压接面的错离度应在钢筋直径的1/4以下 d. 压接部钢筋中心轴的偏心量应在钢筋直径的1/5以下 e. 压接部不可有弯折的现象	目视或游标卡尺或专用的检查器具	原则上压接作业完成时全数

12 品质管理

续表

		项目	判定标准	试验、检查方法	试验、检查方法的时机、次数
钢筋工程的品质管理与检查 (13.6)	钢筋瓦斯压接接头部的品质管理与检查	全数检查 / 采用热熔冲压接合时的外观检查	a. 冲压后钢筋表面的压接面不可有龟裂、线状伤痕、凹陷的现象产生 b. 冲压后钢筋表面不可因温度过热而产生表面不平整的情形 c. 压接部鼓起的长度应达钢筋直径的1.1倍以上，且其形状应平顺 d. 压接面若有错离时，错离距离应在钢筋直径的1/4以下 e. 压接部偏离钢筋中心轴的距离应在钢筋直径的1/5以下 f. 压接部不可有曲折的现象	目视或以游标卡尺、量尺、镜子测定	原则上于压接作业完成时，全数检查
		抽样检查 / 超声波探伤	检查30处的结果 a. 若不合格数有一个时则该批受检对象视为合格 b. 不合格数有两个以上时该批受检对象视为不合格	依JIS Z 3062（钢筋混凝土用异形钢筋瓦斯压接部的超声波探伤试验方法及其判定标准）的规定进行	a. 随机任意抽取30处为一个检查批号 b. 检查率有特别规定时依其规定
		抽样检查 / 抗拉试验法（代替超声波探伤法）	有特别规定时依其规定，无特别规定时应符合JIS G 3112（钢筋混凝土用钢筋）的抗拉强度之规定值	依JIS Z 3120（钢筋混凝土用钢筋瓦斯压接头的检查方法）的规定	检查率有特别规定时依其规定
		注：一检查批号是一组作业人员一天的压接数量			
模板工程的品质管理与检查 (13.7)	模板的材料、组模、拆模的品质管理、检查	模板用散板、支承措施、拴固用五金等的材料	应符合JASS 5 12.1, 12.2, 12.3以及12.4的规定	目视，测定尺寸，确认对品质的表示内容	搬入时，组模中随时
		支撑的配置	应与模板计划图以及施工图一致，应撑紧不可有松弛的现象	目视以及以量尺等测定	组模中随时以及组模后

续表

		项目	判定标准	试验、检查方法	试验、检查方法的时机、次数
模板工程的品质管理与检查（13.7）	模板的材料、组模、拆模的品质管理、检查	拴固五金的位置、数量	应符合模板计划图以及施工图的设计	目视以及以量尺等测定	组模中随时以及组模后
		组模的位置、精度	应符合模板计划图以及施工图的设计	以量尺、经纬仪或水准仪等测定	组模中随时以及组模后
		模板与最外侧钢筋的间隙	应保证有规定的保护层厚度。无法测定之处应配置有可确保保护层厚度的隔件	以目视以及量尺、定规等测定	组模中随时以及组模后
		板模以及支撑拆除的时机	应符合 JASS 5 12.9 的规定	应达到 JASS 5 12.9a 对于板模存置时间的规定。或应符合 JASS 5T-603 的规定	板模、支撑拆除前（必要时）
结构体混凝土的粉刷与保护层厚度的检查（13.8）	混凝土的粉刷与保护层厚度的检查	部件的位置、断面的尺寸	应符合 JASS 5 表 9.1 的规定	以量尺、经纬仪或水准仪等测定	板模或支撑拆除后可以测量时
		表面状态	应符合 JASS 5 9.3 的规定或有特别规定时依其规定	目视	板模或支撑拆除后方可以测量时
		表面的平坦状态	应符合 JASS 5 9.3 的规定或表 9.2 的标准所规定的平坦状态	有特别规定时依其规定的试验方法或依 JASS 5 T-604 的规定	板模或支撑拆除后方可进行检查时
		浇筑混凝土时产生的缺陷	不可有对结构体有害的缺陷产生	目视（必要时可以凿开检查）	板模或支撑拆除后方可进行检查时
		外观检查	a. 由目视观察没有保护层厚度不足的征兆 b. 保护层密实且厚度充实，且不可有有害的缺陷存在	目视	板模或支撑拆除后方可进行检查时
		外观检查结果的确认	应符合 JASS 5 10.3.a 的规定	依工程管理、监造单位所认可的方法实施，或有特别规定时依其规定	经外观检视认为有保护层厚度不足征兆的地方
		结构体与外界接触部分最小的保护层厚度的检查	应符合 JASS 5 10.3.a 的规定	依工程管理、监造单位所认可的方法实施，或有特别规定时依其规定	各层、各浇灌工区的柱、梁、墙、屋顶、楼板等与屋外接触的部分，于楼板或支撑拆除后

续表

		项目	判定标准	试验、检查方法	试验、检查方法的时机、次数
结构体混凝土强度的检查（13.9）	结构体混凝土的抗压强度判定标准	强度管理的龄期规定	试件的养护方法	判定标准	
		28 天	标准水中养护	$X \geq F_q + T$	
			现场水中养护	$X \geq F_q$	
		超过28天后，但在91天以内的 n 天	现场封罐养护	$Xn \geq F_q$	
		其中 F_q：混凝土的质量标准强度（N/mm²） X：一次取三个龄期28天的试件所得的抗压强度平均值（N/mm²） Xn：一次取三个龄期 n 天的试件所得的抗压强度平均值（N/mm²） T：由开始浇灌到第28天止的预估平均气温对结构体混凝土28天龄期的强度修正值（N/mm²）			

128 与建筑工程有关的品质管理的重点是什么？

1. 建筑工程的品质管理

建筑工程的品质管理若仅是对施工说明书、施工规范等所规定的形式，尺寸，强度，材质，设备机械等机能，以及外观、表面处理状态等加以注意的话，将与其实质的内涵有所差距。依 JIS Z 8101 对品质管理的定义解释时，建筑工程的品质管理应该符合"物品或服务的全体性能、性质的品质应符合满足使用目的的要求"。

2. 品质管理手法

在建筑工程中使用统计方法的机会并不多，兹就品质管理手法中的统计方法概括地加以说明如下。

（1）统计的流程：是以取样的方法来推测出制品的偏离值（误差）。

（2）集团特性的表示：以平均值、中间值等在统计图上的位置，以及标准偏差的范围等来表示偏离值的大小。

（3）品质管理的顺序：以混凝土为例，坍落度，空气量，抗压强度等常常是其品质的指标。其品质管理的顺序如下，①决定品质标准；②决定作业方法；③依据作业标准施工并读取资料；④资料的整理；⑤异常时追究其原因并检查防止再发生的处置方式。

3. 资料的整理方法

活用 QC 七大手法，七大手法为：①柏拉图；②特性要因图；③柱状图；④查核表（Check List）；⑤管制图法（图表）；⑥散点图；⑦层别；⑧管理图等八种统计方法。参照第 113 项。

4. 抽样检查

抽样检查常被用来作为材料以及施工的检查方法，此种方法适合检查量非常多以及连续生产的场合。常采取抽样检查的场合为：

（1）破损检查：如混凝土强度试验，钢筋瓦斯压接的强度试验等。

（2）连续体以及难于计算的东西：钢索，水泥，砂砾等。

（3）量多且允许有少许不良物混入的东西：如瓷砖，螺栓，螺帽等。

12 品质管理

129 与建筑工程有关的品质标准是什么？

1. 主要的品质标准种类

与建筑施工有关的品质标准分类　　　　　　　　表1

名称	概　要	具体的资料等
标准规范	• 为建筑施工品质的标准，建筑施工应以此为标准来达成其施工的品质 • 此标准所规定的常为最低限度的标准 • 政府机关工程常有其各自的标准规范	• 日本工业规格（JIS） • 日本建筑学会建筑工程标准规范（JASS） • 日本农林规格（JAS）
施工图	是明确表示确保质量所必要的尺寸、材料等的收头关系的图面	• 混凝土结构体施工图，模板组装图等
大样图	• 是一种绘有比施工图更进一步详细的尺寸及收头等的图面	
施工要领书	• 为促进承包厂商与专业厂商对使用材料、工法、施工顺序、品质等内容能相互确认而做成的资料（由专业厂商制作） • 依各工程工种分别制作	• 钢结构工程施工要领书 • 混凝土工程施工要领书 • 防水工程施工要领书等
品质管理标准	• 为管理施工品质而制定的计划书 • 目的是将全体工程中各工程的主要管理项目全部予以列出以防有漏失的情况产生（品质管理工程表） • 是对各工程的管理项目，管理对象，管理值，各种规格，标准类，检查，问题的处置等据以进行查核的一种计划（品质管理查核表）	• 品质管理工程表 • 品质管理查核表

2. 品质标准类的分类

（1）一般常被使用的（市面上有售的）资料：JIS，JASS，JAS等的标准规范以及政府机关各自编定的标准说明书、品质管理标准等。

（2）在现场绘（编）制而成的资料：施工图，加工图，大样图，施工要领书，特殊工程或新工法等的说明书、品质管理标准等。

130 现场的品质、施工管理的组织、体制应如何建立？

请详见图1所示例子。

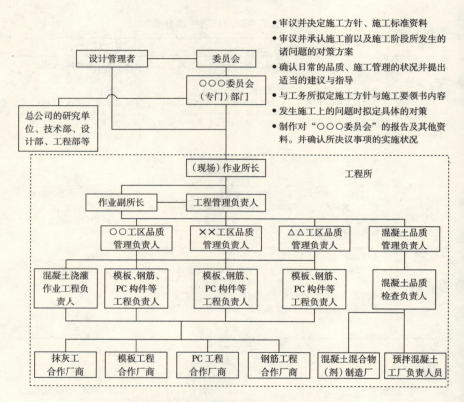

图1 品质、施工管理组织体制例（RC结构体工程）

12 品质管理

131 请说明品质管理的用语

品质管理用语一览表（JIS Z 8101-1981）　　表1

用语	对应用语	定义（用语解说、意义）
管理项目	Control Point	（1）为保证制品的品质而选定的管理对象 例如，电解工程的电流密度，电压，液温，液体的组成等。切割加工工程的工具安装状态，切割速度，切割工具的交换时机等管理项目。 （2）为促进全公司的品质管理并开展合理的活动而采取的管理措施。 例如，依不同职位而决定的管理项目
管理图	Control Chart	是为了解工程是否呈稳定状态所使用的一种图面，或者是为保持工程呈安全状态所使用的图面。 在管理图上拉出显示管理界限的一对线条，并于图上点出表示品质或工程条件的点，此类点若在管理界限内时表示工程是在安全状态，若点位于管理界限之外时表示有未发现的原因造成管理上的失误。一旦有这种现象时，即应调查并找出该原因以期工程不会再产生类似的情形，使工程保持在稳定的状态
规格	Technical Standard	为"标准"的定义，是对物品或服务工作所制订的有直接、间接关系的技术事项
容许误差	Tolerance	（1）所规定的标准值与界限值之差 （2）试验数据允许的偏离值的界限 例如，范围、残差等的容许界限
计量值	Variable Continuous Data	连续计量所定出的品质特征值
计数值	Discrete Value Enumerated Data	将不良品数量或缺点数一一计出所显示的品质特性
公差	Tolerance	规定的最大容许值与规定的最小容许值之差 装配方式的容许最大尺寸及容许最小尺寸之差 备注：计量法中的公差是指 G27 所规定的容许差之意
工程能力	Process Capability	指使工程在稳定情况下合理地达到指定成果的能力的界限。 通常就品质而言，在工程施工的制品品质特性值正规分布的场合中，大都是以平均值 $\pm 3\sigma$ 表示，也有仅以 6σ 表示（σ 是指上述分布的标准偏差）。另外也有以柱状图，管制图法（图表），管理图等图形表示。以表示工程能力为主依时间顺序对品质的测定值所点出的图称为工程能力图（process capability chart）

续表

用语	对应用语	定义（用语解说、意义）
工程能力指数	Process Capability Index	以公差除 6σ 所显示的工程能力的比值
作业标准	Process Specification Code of Practice	规定与作业条件，作业方法，管理方法，使用材料，使用设备及其他注意事项有关的标准
公司自订的标准	Company Standard	公司或工厂为材料，部件，制品与组织及购买，制造，检查，管理等作业而制定的标准
规格	(Technical) Specification	即对材料、制品、工具、设备等制订所要求的特定形状、构造、尺寸、成分、能力、精度、性能、制造方法、试验方法等内容的规定。 此等规定者以文字表述时又称为规范
生产过程	Production Process	即大量制造制品的作业。 例如铸造工程，切割工程，装修工程等的生产过程
制造品质	Quality Of Conformance	以设计品质为目标所制造出来的实际品质，所出产品又称为具有合适品质的产品
精度	Precision	测定值偏离的程度，偏离小表示精度高 备注：JIS Z 8103 中对偏离小的程度称之为精密，而包括正确性与精密性在内的综合性品质称之为精度
制品责任	Product Liability	制造业者及销售业者对于使用因设计，制造不当而产生缺陷的制品的使用者或因该缺陷而受到损害的第三者所负的赔偿责任。 制品责任简称 PL，预防制造者及销售业者发生制品责任的预防活动称为制品责任的预防（Product Liability Prevention 简称 PLP）
设计品质	Quality Of Design	制造目标的品质又称目标品质，与此相对的是使用者所要求的品质或符合使用者所要求的品质称之为使用品质（Fitness For Use）。 计划设计品质时必须对使用品质充分加以考察
代用特性	Alternative Characteristic	即对所要求的品质特性直接进行测定有困难时，具有代替该品质的特性
标准	Standard	（1）为简化、统一与大众有关的利益或为使大众获得一公正的依据而依物体、性能、能力、配置、状态、动作、顺序、方法、手续、责任、义务、权限、思维、概念等各因素所加以衡定的一个准绳。 （2）为了测定的普遍性而制定的一个表示量的大小的方法或物质，以作为测定的标准之用。例如，质量的单位标准为公斤原器。为实现国际通用温度刻度以作为温度刻度的标准而订有温度定点与标准白金电阻温度计。判定浓度的标准有标准物质。硬度大小的判定有标准硬度试验机与压头。颜色的判定有颜色样本

12 品质管理

续表

用语	对应用语	定义（用语解说、意义）
品质	Quality	作为决定物品或服务是否满足使用目的的评估依据，是整体固有的性质、性能。 备注：1. 判定物品或服务是否满足使用目的之际也应该考虑该物品或服务对社会的影响。 2. 品质是由品质特性所构成。例如一般照明用的日光灯的品质应包含消耗的电力，直径，长度，灯管两端盖子的形状、尺寸，启动特性，光束维持率，寿命，灯管两端盖子的粘接强度，光源色，外观等的品质特性
品质管理	Quality Control	相对经济地制造出合乎买主所要求的品质的方法体系。 品质管理简称 QC。 近代的品质管理常有用到统计的方法，因此也有称之为统计的品质管理（Statistical Quality Control，简称 SQC） 为实施有效的品质管理起见应以经营者为首会同管理者，监督者，作业者等全体企业人员全程参与或协助市场调查，研究、开发，制品企划，设计，生产准备，购买、发包，制造，检查，出售，以及售后服务，财务，人事，教育等各阶段的企业活动。此种方式的品质管理称之为全公司的品质管理（Company-wide Quality Control，简称 CWQC）或称之为综合的品质管理（total Quality Control，简称 TQC）
品质规格	Quality Standard	与品质有关的规格
品质水准	Quality Level	品质好坏的程度 对于工程或所提供的多数制品以不良率，单位缺点数，平均值，偏离率等来表示
品质特性	Quality Characteristic	品质评估对象的性质、性能
品质认证制度	Quality Certification system	由公正的机关证明生产者所提供的物品或服务是符合品质规定的一种制度，也有称为第三者品质认证制度（Third Party Quality Certification system）。 在日本有以工业标准化法为基本的 JIS Mark 认可制度，有关基于农林物质的标准化及质量表示规范化的 JAS 标志许可制度以电气用品取缔法为基础的规格认可制度等。 备注：此制度是以对品质或服务供给者实施有效的品质管理为基础而建立
品质保证	Quality Assurance	生产者为保障、充分满足消费者所要求的品质所进行的系统的活动

132 请说明瑕疵担保责任的相关事宜

1. 瑕疵的基本定义

瑕疵是指"造成物质的使用价值及交换价值减少的缺陷,也就是建筑物及其他构造物等产生损坏、缺陷、不适用、故障等的情况。"因此所谓的瑕疵担保责任是法律上对此类与品质保证有关的修理、修补等损害赔偿的义务的规定。

2. 瑕疵担保责任的成立条件与责任之所在

只要工程与提交给业主或发包单位的图纸、说明书等内容有所不符(使用材料及施工上的问题),不管是承包商的故意、过失、无意都应负其瑕疵责任。

另外,虽然是因为设计上的失误造成的瑕疵,但若承包商知情而业主不知情,或承包商对使用上的维护、管理等疏忽了其应有且必要的指示、指导时,亦应负瑕疵担保责任。

因此就责任所在而言,原则上如果是设计文件的内容则应由设计者承担,因施工上的失误产生则应由承包商承担,若是由发包者提供材料或指示时则由发包者来承担。

不过在建筑物移交后也会有:①承包商施工上的失误,②设计者的失误,③使用者使用不当等各方原因的不明确,而无法界定瑕疵的责任导致产生争执的情形。

3. 瑕疵担保期间(表1)

瑕疵担保期间的比较　　　　　　　　　表1

民　法	公共工程标准承揽契约条款 四会联合协定工程承揽契约条款
1. 普通建筑物……5年 2. 砌体结构,土木结构,砖石结构造或金属结构建筑物……10年 因瑕疵导致工程标的物损失或毁损时,必须在一年内提出修补或损害赔偿的请求(日本民法第638条第2项)	1. 木结构等的建筑物……1年 2. 砌体结构,金属结构,混凝土结构的建筑物……2年 但因瑕疵负责人的故意或重大过失而产生瑕疵时,1年应改为5年,2年应改为10年。工程标的物因瑕疵而产生损失或毁损时,必须在6个月以内提出修补或损害赔偿的请求

安全管理

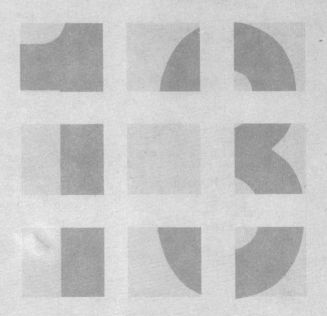

133 在施工现场有哪些安全活动要实施？

安全活动的实施例　　　　　　　　　　　　表 1

分类	活动名称	内容
日常的安全活动	1. 朝会、配合扩音器的播放做体操	
	2. 工具箱（tool box）会议（T.B.M.）	依不同工种、作业组分别实施，进行危险作业的预知活动
	3. 开始作业前的检查	• 工作服，保护器具，健康状态（以作业人员为对象） • 机械器具，工具，各种设施（以临时机械为对象） • 作业内容、工种间的联络（以施工管理为对象）
	4. 安全巡检	• 作业的检查，巡回
	5. 工程会议（工程安全会议）	• 作业内容，安全对策，各种指示
	6. 小包包头会议	• 合作厂商间的联络、调整
	7. 安全指示书	
	8. 休息	• 间隔 10h、3h 的休息，午休
	9. 场内的整理	• 现场的整理、整顿、清扫
每周的安全活动	1. 周工程会议（每周的工程安全会议）	周工程进度的调整，安全目标、对策
	2. 安全检查	• 重型机械、车辆等机械（有资格者，自主检查） • 临时构筑物（挡土，材料存置场，临时建筑物，作业架、台，排水设备等）
	3. 清扫（以美化环境、提高作业效率、防止灾害发生为目的）	• 现场内及现场外的临时事务所、宿舍、作业员值勤办公室等的临时建筑物
	4. 设定安全目标	• 拟定周安全目标的重点项目以及其对策
每月的安全活动	1. 安全卫生委员会	• 审议与安全卫生有关的基本方针 　（参照劳动安全卫生法第 17 条～第 19 条）
	2. 安全卫生协议会	• 合作人员的安全卫生责任者的召集、审议决定 　（参照劳动安全卫生法第 30 条）
	3. 安全大会	• 安全卫生意识的提高，月安全目标的设定等
	4. 与安全卫生有关资料的检查	• 工程会议记录，作业指示书，安全卫生委员会及协议会相关资料，安全教育资料等
	5. 电器、机器的检查	• 受变电设备、绝缘电阻测定检查，漏电防止器检查，标示危险的设施的检查
	6. 教育训练	• 法定教育，资格取得教育，自主教育
其他、随时	1. 新进人员教育	• 现场规定，作业方法，防止灾害对策等的教育与指导（作业记录，新进人员心得等的资料）
	2. 安全卫生教育（讲习会）	• 危险有害的业务，作业内容有变更时
	3. 健康诊断	• 进入现场时的诊断书的查核，定期体检，特殊医诊
	4. 防火、避难训练	• 与防火、救助、避难有关的训练
	5. 安全标志的设置	• 安全标示牌，表示危险的标志，标示海报等
	6. 灾害事例检查	
	7. 其他 安全轮值制度，安全性集体创造性思考，QC Cycle 活动，表扬制度	

☆参照第 138 项

134 请说明在现场使用的保护用具（安全带、安全帽等）的种类及相关法规

穿戴保护器具规定一览表　　　　　　　表1

保护器具	作业种类	依据条文
保护帽	采石作业	安卫守则 412
	最大承载量 5t 以上的货车装卸作业	安卫守则 151 之 58
	高处作业（自楼板面起 2m 以上）	安卫守则 435
	造林等作业	安卫守则 484
	高层建筑现场有物体掉落飞下危险的场合	安卫守则 539
	接近 JR 营业线（铁路）的工程 接近新干线的工程	依 JR 各公司的指示书规定
安全带	高 2m 以上的高处作业场所有坠落的危险时	安卫守则 518 519 520
	脚手架的架设、拆除交货等作业	安卫守则 564
	工作人员必须搭乘起重机、移动式起重机的设备时	起重机规划 27 73
	洗窗机（吊篮）作业	洗窗机作业规则 17
	有缺氧危险的作业	缺氧作业规则 6
工程服、工程帽	以具有动力的机械作业时	安卫守则 110
护镜、保护手套	采用乙炔等的金属焊接、熔断或加热	安卫守则 312，313
适当的保护工具（符合 JIS 规格 T8141 的规定者 1981 年 12.16 发布第 773 号）	电焊等会产生强烈光线的危险场所	安卫守则 325
绝缘用保护工具	靠近高压、特高压以及低压电线作业时	安卫守则 341~8
保护衣，护镜，呼吸用保护器具	有害的作业 酷暑、寒冷场所的作业 处理高热、低温物体或有害物体时 会产生有害光线的作业 有气体、蒸气或粉尘产生的作业 明显有病原体污染之处的作业	安卫守则 593，597
可防渗透的防护衣，手套，鞋等	处理对皮肤有害的物品时	安卫守则 594 597
耳塞	有强烈噪音产生的作业（如打铆钉等）	安卫守则 595，597

续表

保护器具	作业种类	依据条文
氧气罩	有机溶剂的作业	有机规则 32～4
呼吸用保护工具	以钻岩机进行的开挖作业，矿坑内矿物的载运作业等（粉尘规则附表第3中第17项之规定）	粉尘规则 27 尘肺法 5

使用保护器具的检查一览表　　　　表2

保护器具	作业的种类	依据条文
保护帽、安全带、护镜等保护器具使用状况的监视（现场主任、作业指挥人员的职责）	模板支撑的拼装与拆除	安卫规则 247
	以乙炔焊接金属、熔断或加热的作业	安卫规则 315 安卫规则 316
	坡地的开挖	安卫规则 360
	挡土措施的围护、支撑的安装与拆除	安卫规则 375
	采石作业	安卫规则 404
	高处作业（自楼板面起2m以上）	安卫规则 429
	脚手架的拼装、拆除或变更	安卫规则 566
	货车的装卸作业（100kg以上）	安卫规则 420
	钢结构的安装作业	安卫规则 517－5
	混凝土结构物的解体等作业	安卫规则 517－13
	起重机、人字臂架、电梯以及施工用电梯的安装作业	起重机规则 33 118 153 191
	处理有机溶剂的作业	有机规则19之2
	缺氧危险作业	缺氧规则第5条之2

安卫规则：劳动安全卫生规定，起重机规则：起重机等安全规则，洗窗机（吊篮）规则：洗窗机（吊篮）安全规则，缺氧规则：缺氧症预防规则，有机规则：有机溶剂中毒预防规则，粉尘规则：粉尘障碍防止规则

135 就安全管理而言,选择各工种负责人时应依据哪些规定?

应选任主要作业主任人员的种类一览表　　　　　表1

名称	执照、讲习	应选任作业主任的工种	依据条文	
高压室内作业主任人员	需具有执照资格	高压室内作业(在超过大气压力的气压下的作业室或竖坑(Shaft)内的作业)	安卫规则 高压规则	16 10
气焊作业主任人员	需具有执照资格	以乙炔等焊接装置进行金属的焊接、熔断或加热的作业	安卫规则 安卫规则	16 314
木材加工用机械作业主任人员	需参加技能讲习	具有5台以上圆锯盘的木材加工用机械的工厂,使用此等机械作业的作业主任	安卫规则 安卫规则	16 129
混凝土破碎机作业主任人员	需参加技能讲习	以铬酸铅为主要成分的火药作为破碎混凝土器材的作业	安卫规则	16 321-3
岩体开挖作业主任人员	需参加技能讲习	开挖面高度在2m以上的岩体开挖作业	安卫规则	16 359
挡土支撑作业主任人员	需参加技能讲习	挡土支撑、围护安装与拆卸作业	安卫规则	16 374
模板支撑的拼装作业主任人员	需参加技能讲习	模板支撑的拼装、拆除作业	安卫规则	16 246
脚手架拼装等的作业主任人员	需参加技能讲习	悬吊式、悬臂式脚手架或构造高度在5m以上的脚手架拼装、拆除或变更等作业	安卫规则	16 565
钢结构安装等作业主任人员	需参加技能讲习	以金属制构件构成高度在5m以上的建筑物骨架,桥梁上部构造,塔的组装、拆除或变更等作业	安卫规则	16 517之4
木结构建筑物的拼装作业人员	需参加技能讲习	檐高5m以上的木结构建筑物的构件安装及其屋顶基层或外墙基层的安装作业	安卫规则	16 517之7
混凝土结构构造物的解体等作业主任人员	需参加技能讲习	5m以上的混凝土构造物的破坏或解体作业	安卫规则	16 517之12
特定化学物质等作业主任人员	需参加技能讲习	特定化学物质等的制造或处理作业	安卫规则 特化则	16 27
铅作业主任人员	需参加技能讲习	与铅业务有关的作业	安卫规则 铅则	16 33
有缺氧危险的作业主任人员	需参加技能讲习	在有缺氧危险的场所作业时	安卫规则 缺氧则	16 11
有机溶剂作业主任人员	需参加技能讲习	在屋内、桶、槽容器内、船舱、坑内等制造或处理超过容许规定量的有机溶剂时	安卫规则 有机则	16 19

安卫规则:劳动安全卫生规则　高压则:高气压作业安全卫生规则　特化则:特定化学物质等障碍预防规则　铅则:铅中毒预防规则　缺氧则:缺氧症预防规则　有机则:有机溶剂中毒预防规则

136 为贯彻安全卫生教育，有哪些特别教育要实施？

日本劳动安全卫生法第59条所规定的"担任劳动省所规定的危险或有害业务时"所需的特别教育如表1所示。

与必须进行特别教育的规定有关的建筑工程作业内容一览表　表1

必须进行特别教育的相关建筑工程作业内容	教育时间 学科	教育时间 实际技术	教育时间 合计	相关条文
拆换研磨用砂轮的作业 （1）机械研磨用砂轮的拆换与试车 （2）自由研磨用砂轮的拆换与试车	7 4	3 2	10 6	安卫则 36-1
电焊等作业	11	10	21	安卫则 36-3
与电力有关的业务 （1）与高压、特别高压有关的作业 （2）与低压有关的业务	11 7	15 7	26 14	安卫则 36-4
操作堆高机（叉车）的作业（最大荷重1t以下）	6	6	12	安卫则 36-5
铲土装土机或叉式万能装卸车（堆高机）的运转业务（最大荷重1t以下）	6	6	12	安卫则 36-5之2
小型建设机械、车辆运转的作业（整地、搬运、装卸用以及开挖用，机体重量3t以下）	7	6	13	安卫则 36-9
小型建设机械、车辆（基础工程用，机体重量3t以下）的操作作业	7	6	13	安卫则 36-9
基础工程用建设机械的运转作业	7	5	12	安卫则 36-9之2
车辆类、建设用机械（基础工程用）设置作业的操作业务	5	4	9	安卫则 36-9之3
滚压作业	6	4	10	安卫则 36-10
动力卷扬机操作业务	6	4	10	安卫则 36-11
轨道装置的动力车的运转业务	6	4	10	安卫则 36-13
起重机的运转业务（起吊重量5t以下）	9	4	13	安卫则 36-15
移动式起重机的运转业务（起吊重量5t以下）	9	4	13	安卫则 36-16
人字臂架的运转业务（起吊重量5t以下）	9	4	13	安卫则 36-17
施工电梯的运转业务	5	4	9	安卫则 36-18
挂钩作业（1t以下起重机，移动式起重机，人字臂架的挂钩）	5	4	9	安卫则 36-19
洗窗机（吊篮）的操作作业	5	4	9	安卫则 36-20

注：安卫则：劳动安全卫生规则

137 请说明施工现场的火灾管理重点

1. 对火灾的基本认识

（1）确认火源的安全。
（2）注意消防器材、防火用水等的准备。
（3）在危险物储存场所设置告示牌、禁烟等海报。
（4）确定用火后的检查负责人，负责火源的人员以利管理。
（5）明示发生火灾时的通报、联络系统（平常即应明示告知）。

2. 具体对策（表1）

工程现场的防火对策（依工程区分）　　　　表1

工程名称	注意事项、防止对策等
临时工程	• 临时用工程所、宿舍、餐厅、仓库等用火场所的管理 • 作业人员燃烧废物的场所、抽烟场所的管理 • 废建材处理场（燃烧场所）的管理 • 危险物储藏所附近严禁火种
钢结构工程	• 焊接作业场所附近设置可燃物、易燃物的防范与警戒 • 电焊机接地设施的安装检查 • 残余焊条的处理与清理的确认
钢筋工程	瓦斯压接工程的管理
模板工程	木制嵌板、散板、胶合板、塑胶件等建材对烟火的管理
预制钢筋混凝土工程（PC）	与钢结构工程同
防水工程	熔融沥青锅的管理（有起火的场合应准备灭火设备）
装修工程（木结构工程、粉刷工程、内装工程、其他）	• 废建材（木片、锯木屑、化学制品的屑料）的整理与运弃 • 对引火性涂料的防火安全管理（保管场所、严禁使用烟火） • 禁止在室内工作场所抽烟（有很多材料是在装修状态发生燃烧的情形）
设备工程	• 焊接火花的防护 • 以火炬局部加热的防护 • 各种作业中对火灾的安全管理（也要在作业完成后进行安全的确认）

138 施工中应举办哪些对施工安全有帮助的具体的日常安全活动？

与安全活动有关的具体运动　　　　表1

名称	内容（概要说明、方法等）
1. 问候运动	在朝会中互相问候，呼叫对方名字以活络现场的气氛
2. 安全轮值制度	承包商与合作厂商分别在一定期间内（通常是一星期左右）轮流负责执行与安全有关的事宜，进行安全活动的一种制度
3. 安全性集体创造性思考	让大家自由发表意见以利激发好的构想作为今后检查对策之用，此时不可批判或否定他人的意见
4. 促进人际关系的运动	在现场内为达到促进人际关系的目的而要求大家将"早安"、"谢谢"、"对不起"等常挂在嘴上以促进彼此间的融洽
5. QC 活动（安全）	为 QC（Quality Control：品质管理）中的一个具体活动，在现场内借由自主性的自我启发或相互启发来推动，是一种采用 QC 方法推动现场管理与改善（包括安全）的持续性活动
6. 呼叫运动	为避免作业人员不注意或产生错误，并提高作业人员的安全意识，防止灾害的产生为目的而提出的一种手到、口到、眼到的确认运动。具体地在作业时应呼叫"××好了吗""××好了"以确认达到手到、口到、眼到的要求
7. Z.D 运动	为排除标准化作业的失误及缺点而进行的运动，由第一线的作业人员编组开始至达到设定的目标为止持续地进行。Z.D 是（Zero Defect 零缺点）的简称
8. 灾害案例检查会	就现场发生的灾害，查明其发生原因并检查其对策，同时对其他现场产生的案例也加以检查以作为今后的参考
9. 工具箱会议	在作业开始进行前全部的作业组员就作业内容、顺序、方法、作业服装、健康状态等进行讨论、交谈。也有称之为"安全会议"，"作业前协商"
10. 听、想运动	作业者将作业的要因整理出来在进行作业时配合"听"、"想"的动作来达到安全的目的。此运动主要在发掘潜在的灾害，不仅仅是发现危险的部分，同时更要达到改善现场环境的目的
11. 4S 运动	为使现场获得良好又干净的工作环境而推行的整理、整顿、清洁、清扫运动。4S 中的 S 即是此四种运动的日文开头字母的发音
12. 新进人员教育训练	为达到提升安全作业的目的，承包人应对新进人员进行工地现场各种规定的教育训练

☆参照第 133 项

139 请说明重机械设备管理的相关规定

建筑工程不同作业管理者一览表　　　　表1

区分	名称		适用事项	推选、指定的标准	申报	依据条文
防火	防火管理者		事务所，宿舍的居住人员在50名以上时	推选	○	消防法 8
	处理危险物的负责人		危险物品的储存在规定数量以上时 石油……100L 轻油……500L 重油……2000L	有执照	○	消防法 13
	作业指挥者		危险物的处理	指定人员		安卫规 257
	火源负责人		建筑物、有使用火的场所	指定人员		消防令 4
电气	主任技术人员		额定功率50kW以上（住家用电气）	需有执照资格	○	电气事业法 72
	工程人员		电气的设置变更（一般电气）	需有执照资格		电气工事业法 2
	操作人员		电气操作业务	特别教育		安卫则 36
起重机等	驾驶员		5t以上的起重机，移动式起重机，人字臂架	需有执照资格		安卫令 20
			未满5t的起重机，移动式起重机，建筑用施工电梯	特别教育		安卫则 36
	作业指挥人员	组装、解体	起重机，人字臂架，电梯，建筑用施工电梯	指定人员		起重机规则 153, 33, 191, 118, 23, 109
		超过荷重规定的管理	起重机，人字臂架			
	指挥人员		起重机，移动式起重机，人字臂架，施工用电梯	指定人员		起重机规则 25, 71, 101, 185
	挂钩作业人员		起吊重量1t以上	需参加技能讲习		安卫令 20
			起吊重量未满1t	需参加特别教育		安卫则 36
电器	电焊			需参加特别教育		安卫则 36
	作业指挥人员		停电作业，架（穿）线作业	指定人员		安卫则 350
	监视人员		接近移设、防护困难的架空电线的作业	指定人员		安卫则 349

续表

区分	名称		适用事项	推选、指定的标准	申报	依据条文
脚手架（工作架）	作业主任		悬吊式脚手架（工程架），悬挑式脚手架，高度5m以上脚手架的拼装、拆除、变更	需参加技能讲习		安卫则 565
	作业指挥人员		建筑物、桥梁的脚手架等的拼装、拆除、变更	指定人员		安卫则 529
	监视人员		物体有自高度3m以上掉落可能时	指定人员		安卫则 536
	洗窗机（吊篮）	操作人员		需参加特别教育		洗窗机（吊篮）规则 12
		指挥人员		指定人员		洗窗机（吊篮）规则 16
装卸、搬运用车辆	操作人员		最大荷重1t以上的堆高机（叉车）	需参加技能讲习		安卫令 20
			最大荷重1t以下的堆高机（叉车）	需参加特别教育		安卫则 36
			最大荷重1t以上的推土机或堆高机（叉车）	需参加技能讲习		安卫令 20
			最大荷重未满1t的推土机或堆高机（叉车）	需参加特别教育		安卫则 36
	作业指挥人员		采用搬运机械进行作业时	指定人员		安卫则 151 之4
			搬运机械的修理及零件、附件的装卸	指定人员		安卫则 151 之15
			有翻倒、接触、掉落等危险的场所	指定人员		安卫则 151 之7
	引导人员		车辆出入交通的指挥	指定人员		市区街道土木工程公共灾害防止对策纲要 13之2
			接近构造物或电线的场合	指定人员		市区街道土木工程公共灾害防止对策纲要 78之3

续表

区分	名称	适用事项	推选、指定的标准	申报	依据条文
建设用车辆机械	驾驶人员	机体重量3t以上（整地，搬运，装载用以及挖掘用）	需参加技能讲习		安卫令 20
		机体重量未满3t（整地，搬运，装载用以及挖掘用）	需参加特别教育		安卫则 36（9）
		机体重量3t以上（基础工程用）	需参加技能讲习		安卫令 20
		机体重量未满3t（基础工程用）	需参加特别教育		安卫则 36（9）
	操作人员	基础工程用作业装置的操作	需参加特别教育		安卫则 36（9-3）
	驾驶员	滚压机	需参加特别教育		安卫则 36（10）
	作业指挥者	建设机械的修理，零件、附件的装卸	指定人员		安卫则 165
	引导人员	有翻倒、接触、掉落等危险的场所	指定人员		安卫则 157，158
		交通车辆的出入指挥	指定人员		市区街道土木工程公共灾害防止对策纲要 13-2
		接近构造物或电线的场合	指定人员		市区街道土木工程公共灾害防止对策纲要 78-3
建设用基础工程机械	驾驶人员	非自走式的基础工程用建设机械的运转	需参加特别教育		安卫则 36（9-2）
其他机械等	驾驶人员	卷扬机（电葫芦除外）	需参加特别教育		安卫则 36
		磨床（试运转、砂轮的交换）	需参加特别教育		安卫则 36
	气焊人员	气焊（氧气及可燃性气体）	需参加技能讲习		安卫令 20
	指挥人员	开始运转的场合	指定人员		安卫则 104

注：安卫令：劳动安全卫生法施工令　安卫则：劳动安全卫生规则　消防令：消防施行令　洗窗机（吊篮）规则：洗窗机（吊篮）安全规则　起重机规则：起重机等安全规则

140 用于吊钩作业的钢索的检查要点是什么？

1. 吊索的使用限制

判断起吊用钢索是否可以使用应依表1的规定。

钢索的使用限制（引用文献16） 表1

钢丝的断裂	一段搓结间有10%以上的钢丝断裂者	一段搓结 1 2 3 4 5 6 7 [6根钢丝搓成钢索的场合]
磨耗	直径少于标称直径的7%以上时	直径
拧绞	(1)　(3) (2)　(4)	
变形	形状有显著分岔、剥散 有显著磨蚀者	

2. 钢索的端部

钢索端部的种类、特征如表2所示。

钢索端部的紧结方式 表2

端部紧结方式的名称	图示	效率	备注
1. 合金套管		100%	加工不适当的场合为50%以下
2. 夹具		80%~85%	
3. 楔形紧片		65%~70%	
4. 套环或索端结扣眼圈		75%~90%	
5. 压缩法		100%	

13 安全管理

141 请说明劳动安全卫生法中与安全有关的管理项目及重点

劳动安全卫生法主要规定一览表　　　　表1

项目	对象业种、规模	内容（具体实施例）
综合安全卫生管理者（法第10条，令第2条，则第2、3条）	①建筑业，运送业，林业等100人以上 ②制造业300人以上 ③其他业种1000人以上	事业所长等对实施的事业进行综合管理者 选任　事情发生日起14天以内 申报　向所辖的劳基署申报
安全管理者（法第11条，令第3条，则第4~6条）	上述①及②的业种雇有50人以上的劳动者时	具大、高中理科系毕业的实务经验者（大学毕业3年以上经验、高中毕业5年以上经验） 选任　同上 申报　同上
卫生管理者（法第12条，令第4条，则第7~12条）	不论何种业者，雇有50人以上的劳工者	选任　同上 申报　同上 对象　有资格者
产业医护人员（法第13条，令第5条，则第13~15条）	不论何种业种，人员规模达50人以上者	选任　同上 申报　同上 规模在1000人以上或从事有害业务者在500人以上的场合应设专职人员
作业从事人员（法第14条，令第6条，则第16~18条）	高压室内作业，锅炉处理作业等21项作业（合作厂商）	（主承商需确认掌握）
综合安全卫生责任者（法第15条，令第5条，则第7~12条）	建筑业、造船业的主承包商日常所使用的劳工人数在50人以上（但若为隧道等建设事业或压缩空气等作业时应为30人以上）	作业所长等综合实施事业的管理者
主承商的安全卫生管理者	选任有综合安生责任者的事业场所	与安全管理者同，具有辅佐综合安全卫生责任者的资格者
安全卫生责任者（法第16条，则第19条）	建筑业、造船业的下包	应即时报告主承商（主承商应确认掌握）
安全委员会（法第17条，令第8条，则第21条）	综合安全卫生管理者的对象①及②中劳动人数在50人以上的规模	半数应由劳动者的代表指名，每月举办一次以上
卫生委员会（法第18条，令第9条，则第22条）	不管何种业种，只要劳动人员规模在50人以上者	半数应由劳动者的代表指名，每月举办一次以上
安全卫生委员会（法第19条，则第23条）		安全、卫生的各委员会应分别设置或一块设置
安全卫生协议会（法第30条，则第635条）	所有现场人员（与作业人员的人数多少无关）	与工程相关的厂商都应参加的协议组织，最少每月要举办一回（包括其他工程业者在内）

劳基署：劳动标准监督署

142 请说明表示劳动灾害发生频率的指标种类及其定义

1. 主要的现场发生事故

施工作业的劳动灾害极多，在日本可以说占有建筑全产业灾害的30%～50%。即使仅就建筑工程而言，由于工程规模的增大以及建筑物的高层化、工法的多样化等原因而导致劳动灾害有增加的倾向，其主要的事故有如下数种。

（1）由高处落下。
（2）因重型机械、车辆等产生的交通事故。
（3）被夹在重物与建筑物或资材之间或压在底下。
（4）因临时电源而产生的触电事故。
（5）因电动工具、机械等产生的割伤事故。

2. 表示劳动灾害发生频度的指标

日本劳动省以下述的三种指标来表示劳动事故、灾害发生的程度。

（1）度数率：每100万总劳动时间因劳动灾害而死伤的数目，可由下式求得。

$$度数率 = （死伤者数/总劳动时间数）\times 1000000$$

（2）强度率：由每1000总劳动时间的劳动损失日数来表示，可由下式求得。

$$强度率 = （劳动损失日数/总劳动时间数）\times 1000$$

这是表示灾害规模的大小，劳动损失日数依身体障碍等级而分，1～3级时每件7500日，4～14级等每一件5500～50日。暂时不能劳动的损失日数是以休息的日历天数 $\times 300/365$ 计。

（3）年千人率：表示每1000名劳动者一年之间发生的死伤者数，可由下式求得。

$$年千人率 = （一年间的死伤者数/年平均一天的劳动者数）\times 1000$$

如前所述，强度率为灾害规模的指标，而度数率以及年千人率两者则是用来作为表示灾害发生频率的指标。

143 建筑工程与产业废弃物有何关连？

1. 产业废弃物的种类（表1）

废弃物的种类　　　　　　　　　　　　　　　　　　　表1

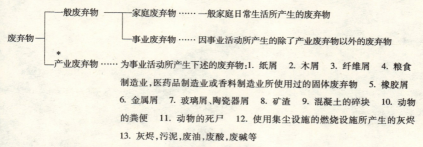

* 依据《废弃物的处理以及清扫有关的法规》、政令所规定的对象

2. 建筑工程所产生的产业废弃物

（1）建筑废料：因解体工程所发生的混凝土碎块及其他类似的废弃物，包括因结构体工程、装修工程等所产生的各种废料的混合物。

（2）无机性污泥：因挖掘造成的泥水所产生的废污泥（大都是含有皂土的场合），开挖中含有高含水率的泥土，但不包含一般的废土。

（3）废油：因机械（起重机、开挖机等）油料的使用所发生的润滑系统的废油，设备工程中切削螺纹用的切削用、洗涤用等废油，消防器具的泡沫，焦油，硬沥青、柏油等的废矿油，稀释用油、乙醚、挥发油、甲苯等的废溶剂，其他（有用到油类的破布、涂料等）。

（4）其他：在旧化学工厂用地开挖出来的有害排出物。

3. 对应措施

（1）废弃物应加以分门别类，并对可以当作一般废弃物处理的部分加以区分出来。

（2）确认处理产业废弃物的负责人员。

资讯

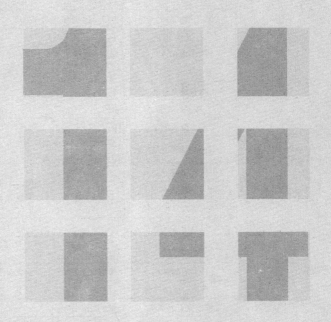

144 在工地现场必备的书面资料有哪些？

在建筑工地现场必须时常准备的资料除了与安全有关的各种资料以外，尚有如表1所述的资料。

现场必备资料一览表　　　　　　　　　　　　表1

	资料名称与内容		完成后有无保管的必要
	名称	内容	
与施工计划、工程计划有关的资料	工程表 实施工程进度表 修正工程进度表 周、月工程进度表 其他	监理有要求时提出	无
	综合临时计划书		无
	施工计划书	监理单位有要求时方提出不同工种的施工计划书	无
	施工图、加工图	需监理承认或要求时提出	无
	大样图	同上	无
	样本	同上	无
与施工记录、报告书有关的资料	材料进场报告书	包括试验成果书、规格证明书等	有
	材料检查记录	同上	有
	施工报告书	同上	有
	施工会议记录	同上	有
	工程实施状况报告书	图示的施工作业顺序、方法等资料（基桩工程，混凝土工程等）	有
	工程协调记录		有
	工程照片		有
	工程月报		无
	材料用量报告		无
其他（监理应保管的资料）	契约文件	承包合同、设计文件、发包现场提出的疑义与回答解释的资料	无
	开工时的资料	现场代理人的资料，火灾保险等	无
	工程进行中的资料	对相关主管机关的申请书、检查表等	无
	设计变更的资料	变更指示书等	无
	检查时的资料	检查记录、检查明细	无
	完工时的资料	关于主管机关的检查记录、材料用量记录等	无

145 有哪些杂志、报纸、技术报告等资料可以作为施工技术情报的来源？

主要的资讯如表1所示。此类资料在日本建筑学会图书馆中均有收集。

与建筑有关的资料一览表（杂志、报纸、机关杂志、协会杂志、研究所报告） 表1

	杂志名	发行机构	
		名称	联络地址（住所·TEL）
报纸	建设技术新闻	建设工业开发センター	〒101 东京都千代田区神田锦町1－14 03（291）3249
	日刊建设工业新闻	日刊建设工业新闻社	〒105 东京都港区东新桥2－2－10 03（433）7151
	日刊建设通信新闻	日刊建设通信新闻社	〒105 东京都港区西新桥2－11－4 03（502）8581
	日刊经产业新闻	日刊经济新闻社	〒100－66 东京都千代田区大手町1－9－5 03（270）0251
杂志	基础工	总合土木研究所	〒113 东京都文京区汤岛4－6－12 汤岛ハイタウン 03（816）3091
	建筑技术	建筑技术	〒169 东京都新宿区北新宿1－8－1 中岛ビル 03（363）4213
	建筑知识	建筑知识	〒106 东京都港区六本木7－2－26 乃木坂ビル 03（403）1581
	施工	彰国社	〒160 东京都新宿区坂町25 03（359）3231
	月刊ダルトンレポート	鹿岛出版社 情报システム事业部	〒107 东京都港区赤坂6－5－13 03（583）6050
	地质と调查	土木春秋社	〒151 东京都涉谷区代代木2－23－1 コューステートメナー245 03（370）5020
	月刊铁钢技术	钢构造出版	〒104 东京都中央区八丁堀4－8－1 03（553）6961
	日经アーキテクチュア	日经BP社	〒101 东京都千代田区神田小川町1－1 03（233）8121
	防水ジャーナル	新树社	〒104 东京都中央区银座8－15－4 03（542）9011
	月刊リフォーム	テツアドー出版	〒165 东京都中野区新井1－34－14 03（228）3401

建筑现场营造与施工管理

续表

	杂志名	发行机构	
		名称	联络地址（住所·TEL）
协会、建筑相关单位出版资料	建设の机械化	日本建设机械化协会	〒105 东京都港区芝公园3-5-8 机械振兴会馆内 03（433）1501
	建筑杂志	日本建筑学会	〒108 东京港区芝5-26-30 03（456）2051
	建筑保全	建筑保全センター	〒102 东京都千代田区平河町1-7-20 辻田ビル内 03（263）0080
	公共建筑	营缮协会	〒102 东京都千代田区平河町1-7-20 辻田ビル内 03（234）6265
	コンクリート工学	日本コンクリート工学协会	〒102 东京都千代田区麹町5-7TBRビル内 03（263）1571
	住宅	日本住宅协会	〒105 东京都港区虎ノ门2-3-8 住宅会馆内 03（502）0316
	セメントコンクリート	セメント协会	〒104 东京都中央区京桥1-10-3 服部ビル内 03（561）8634
	全建ジャーナル	全国建设业协会	〒104 东京都中央区八丁堀2-5-1 03（551）9396
	土と基础	土质工学会	〒101 东京都千代田区神田淡路町2-23 营山ビル 03（251）7661
	铁骨	铁骨建设协会	〒104 东京都中央区银座2-2-18 铁骨桥梁会馆 03（535）5078
	生コン	全国生コンクリート工业组合连合会 全国生コンクリート共同组合连合会	〒404 东京都中央区八丁堀1-6-1 协荣ビル内 03（553）6248
	マンスリーハウジングレポート	日本住宅协会	〒105 东京都港区虎ノ门2-3-8 住宅会馆内 03（502）0316
	プレストレストコンクリート	プレストレストコンクリート技术协会	〒162 东京都新宿区津久户町4-6 第3都ビル内 03（260）2521
企业の技术研究所报告			大林组，奥村组，鹿岛建设，熊谷组，佐藤工业，清水建设，住友建设，钱高组，大成建设，竹中工务店，东急建设，户山建设，飞岛建设，西松建设，日本国土开发，间组，フジタ工业，前田建设工业，三井建设……
公立机关の技术研究所报告			建设省建筑研究所，住宅都市准备公团住宅都市试验研究所……

14 资讯

146 请说明建筑物主要构成部位的模板工法的种类

兹以一般骨架构造的钢筋混凝土（RC）构造物为例，来说明构成柱、梁、墙、板、楼梯以及基础等工法如图1所示。

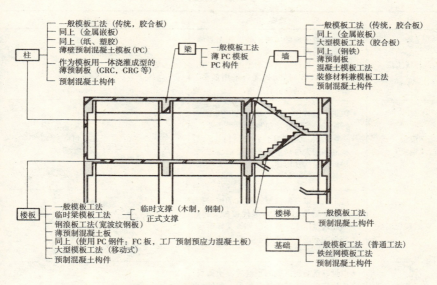

图1 各部位的模板工法（引用文献17）

147 楼板施工的工法有哪些？

代表性的楼板工法如表 1 所示。

楼板工法代表例子　　　　　　表 1

工法名称	概要	示意图
传统工法	● 即为一般传统的楼板工法，先组装模板支撑后即进行组模、配管、配筋作业，之后再行浇筑混凝土的工法。此种工法以 RC 结构的场合采用最多，SRC 结构的场合也有采用	胶合板楼板
钢浪板（宽波纹钢板）工法	● 以钢浪板替代一般的模板，于其上进行配筋、配管并浇筑混凝土等作业的一种工法。大都用于 SRC 结构，S 结构的高层大楼居多，若钢浪板有作为楼板的结构性用途时应施以防火喷涂的处理	点焊钢筋网、钢筋、钢浪板
W 式楼板工法	● 此工法是以较钢浪板更便宜的浪形钢板配合钢筋制桁架以取代楼板支撑。因此通常用于一般层以外，支撑拆除较为困难的一层楼板。类似的工法尚有 KT 板工法	波形镀锌钢板、钢筋制桁架
KT 板	● 以设有钢筋制桁架的预制混凝土薄板作为模板，于其上进行配筋、配管后再行浇筑混凝土使成一体的一种工法。适用于双重楼板或不喜欢有小梁的集合住宅。类似的有凯泽（Keiser）板	附有钢筋桁架的预制 PC 薄板
条形 FC 板	● 将在工厂制作妥当的混凝土板（埋设有预应力钢丝的预应力混凝土板）铺设妥当后，于其上进行配筋、配管作业并浇筑混凝土使其成一体化的工法	点焊钢筋网 φ6　150×150、条形 FC 板、PC 钢筋
PC 板	● 将在工厂制妥的 PC 板铺妥后于其接头处进行焊接并浇灌接头处的混凝土。配管或需预埋的五金均事先于工厂预制时配置埋设妥当	

☆参照第 070 项

148 请说明与集合住宅有关的各种工法的技术开发的历史变迁

1. 与集合住宅有关的工法开发的变迁（图1）

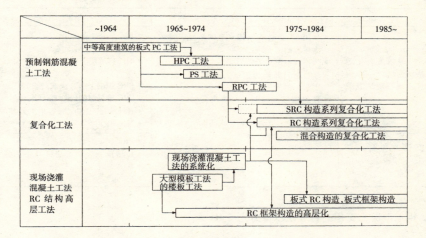

图1　与集合住宅有关的各种工法的变迁

2. 预制钢筋混凝土（PC）工法的变迁（表1）

PC工法的开发历程　　　　　　　　　　　　　　　　表1

	公共机关 （住宅公团（现名为：住宅·都市准备公团），建设省建筑研究所等）		民间企业 （总承包商、工厂等）
50年代后期 60年代后期 左右 1967年左右	● 中等高度建筑的板式PC工法的开发 同上 ● HPC工法的开发	1970年左右	● 框架式预制工法的开发（FR-PC工法，富士田工业）
1970年	● 中等高度建筑工业化住宅工法（SPH：Standard Public Housing）的完成	1967年左右	● HPC工法的开发（新日铁，鹿岛建设） ● PS工法的开发
1971年	● R-PC工法（框架式预制工法）的开发		
1975年	●《NPS（New Planning System）》的制定		
1977年	●《民间开发工业化住宅建设制度》的制定		

3. 复合化工法的概要

复合化工法是在 1975 年开始开发，其发展概要如表 2 所示。

复合化工法的概要　　　　　　　　　　表 2

	特征（施工的合理化、系统化等）	举例
SRC 系统复合化工法（钢结构＋PC 构件＋现场浇筑混凝土）	● 采用 KT 板（先预铸一半的板厚，兼作为模板的薄 PC 板） ● 大型模板工法的采用 ● 装修材料兼作为模板的薄 PC 板（PCF 工法）的采用 ● 预组钢筋，预制化、接头、锚固的合理化 ● 积层工法，无脚手架工法的采用 ● 采取无粘结工法的平板	● KM 工法（鹿岛建设） ● TASCOS：适用于集合住宅 ● TIPS：适用于办公大楼（竹中工务店） ● SRC 积层工法（大成建设） ● SRC 系列 HHH System（大林组） ● HACC-LP 工法（长谷川工务店） ● MOS-DOC 工法（三井建设）
RC 系统复合化工法（PC 构件＋现场浇筑混凝土）		● PRE-BIG 工法（飞岛建设） ● U 型预制大梁工法（竹中工务店） ● FSPA 工法（西武建设）

4. 钢筋混凝土工程的合理化、省力化与 RC 结构的高层化（表 3）

与钢筋混凝土工程有关的各种工法的开发研究及其高层化　　　表 3

	钢筋混凝土工程的合理化、省力化	RC 结构高层化具体实例
模板	● 钢钏模板（金属模板） ● 大型模板工法 ● 薄 PC 装修板兼作为模板的工法（PCF 工法） ● 各种全耗模工法（钢浪板，W 式楼板等） ● KT 板工法	● HiRC 工法（鹿岛建设） ● RC 积层工法（大成建设） ● ORC-HHH System（大林组） 　HHH：为 High Rise High Quality High Efficiency 的简称 ● SSTR：清水 RC 积层体系（清水建设） ● 壁式框架构造（竹中工务店）
钢筋	● 钢筋的预制化（点焊钢筋网，网眼钢板等） ● 钢筋接头工法的开发（机械式接头，充填式粘接接头工法等） ● 钢筋的预组工法	
混凝土	● 预应力工法的采用 ● 高强度混凝土的使用（24MPa 以上，最近使用 30MPa 以上的也不少） ● VH 浇灌工法（依水平，垂直分别进行混凝土浇灌作业的工法）的采用 ● 施工的自动化、机器人化	

引用文献

1) 《壁式プレキャスト鉄筋コンクリート工事施工技術指針》昭和59年1月改訂第2版, プレハベ建築協会, 19頁・表2-8, 16頁, 17頁, 表2-5
2) 石井准之助《建築施工講座2 基礎工事》鹿島出版会, 335頁・表8-2
3) 《建築施工管理チエックリスト》彰国社, 57頁, 21
4) 《建築工事標準仕様書・同解説 JASS 6 鉄, 鉄骨工事》日本建築学会, 104~119, 附則6. 附表5
5) 《鉄筋のガス圧接工事標準仕様書》日本圧接協会, 4頁, 表2
6) 《建築工事標準仕様書・同解説 JASS 5 鉄筋コンクリート工事》1997年1月改訂版, 日本建築学会, 40頁, 表12.1
7) 国分正胤〈土木学会論文集8〉土木学会, 表1
8) 《建築工事標準仕様書・同解説 JASS 5 鉄筋コンクリート工事》1997年1月改訂版, 日本建築学会, 7頁・表2.1
9) 同上, 8頁・表2.2
10) 《プレキャスト鉄筋コンクリート構造の設計と施工》日本建築学会, 18頁・表4-13
11) 同上, 19頁, 表4-14
12) 《建築工事標準仕様書・同解説 JASS 8 防水工事》日本建築学会, 231頁, 表3-31
13) 《壁式プレキャスト鉄筋コンクリート工事施工技術指針》平成5年9月改訂第3版, プレハブ建築協会, 199~201, 附表2.2 (1) ~ (3)
14) 《建設省建築工事積算基準(昭和58年度版)》営繕協会, 48頁・表4-1, 表4-2, 49頁, 50頁・表5-1, 表5-2, 51頁・表6-1, 表6-2
15) 《建築工事標準仕様書・同解説 JASS 5 鉄筋コンクリート工事》1997年1月改訂版, 日本建築学会, 42~50頁, 表13.1~13.10
16) 《鉄骨工事技術指針 工事現場施工編》日本建築学会, 表5-4-3
17) 《型枠の设计・施工指針案》日本建築学会, 81頁, 図4-1
18) 新建筑大系編集委員会編《新建築学大系48 工事管理》彰国社, 354~355頁, 表4.18~4.20

参考文献

1) 滝沢健児・今田和成編《集合住宅の設計要点集・性能确保の手法から維持管理まで》彰国社, 1986
2) 小畑佳夫《現場マンのための建築軀体工事の施工管理入門》理工図書, 1985
3) 大阪建筑士事務所協会編《建築工事監理》市ケ谷出版社
4) 《建築施工管理チエックリスト》彰国社, 1987
5) 武井一夫他《イラストによる建築物の仮設計算》井上書院, 1984
6) 大屋准三《図解 山上め計画》彰国社, 1988
7) 《建築施工計画書・要領書の作り方 軀体編》彰国社, 1988
8) 清水良章《改正 建設業法 Q&A》同文館, 1988
9) 内藤龙夫《仮設工事の計画》鹿島出版会, 1987
10) 内藤龙夫《型枠の施工》鹿島出版会
11) 石井准之助他《基礎工事》鹿島出版会, 1987
12) 龟田泰弘他《コンクリート・鉄筋コンクリート工事》鹿島出版会, 1987
13) 加賀秀治監修《鉄筋コンクリート工事の基本と実務 耐久性向上を目指す建築実務者のために》建築技術, 1988
14) 建築工事問題解決事典編集委員会編《建築工事問題解決事典》产業調査会事典出版センター, 1988
15) プレハブ建築協会編《壁式プレキヤスト鉄筋コンクリート工事施工技術指針》1984
16) 日本クレーン協会《玉掛作業者必携 改訂版》1987
17) 日本圧接協会《鉄筋のガス圧接工事標準仕様書》1981
18) 新建筑学大系編集委員会編《新建築学大系 48 工事管理》彰国社, 1983
19) 日本建築学会《建築工事標準仕様書・同解説 JASS 3 土工事および山留め工事》
20) 〃 《 〃 JASS 4 地業および基礎スラブ工事》1988
21) 〃 《 〃 JASS 5 鉄筋コンクリート工事》1986
22) 〃 《 〃 JASS 6 鉄骨工事》1988
23) 〃 《 〃 JASS 8 防水工事》
24) 〃 《鉄筋コンクリート造配筋指針・同解説》1986
25) 〃 《プレキヤスト鉄筋コンクリート構造の設計と施工》1986
26) 〃 《鉄骨工事技術指針—工事現場施工編—》
27) 〃 《型枠の設計・施工指針案》1988
28) 马場勇編《図解建設コストダウン実例集 VE 手法による改善例 125》彰国社, 1984
29) 马場勇《建設コストダウンへの手法—バリュー・エンジニアリング導入のすすめ》彰国社, 1975

作者简历

黑田早苗

1950 年　生于日本埼玉县

1975 年　芝浦工业大学建筑工学科毕业

1978 年　武藏工业大学研究所硕士班毕业

1981 年　武藏工业大学研究所博士班毕业

　　　　进入三井预制混凝土股份有限公司

目　前　三井预制混凝土股份有限公司工程本部建筑部技术课课长

著　作　《建筑现场实用语辞典》（共著）（井上书院）

　　　　《建筑外来语·略语辞典》（共著）（井上书院）

　　　　《图解 Q&A 综合临时计划》（共著）（井上书院）

译者简历

牛清山

1942 年　生于吉林省东辽县

1964 年　毕业于长春冶金建筑专科学校工民建专业，同年进入原冶金工业部建筑研究总院工作，历任研究室主任等职，直至 2002 年退休

1999 年　晋升为教授级高级工程师

主要译作：正式翻译出版了《新版模板及支撑工程实务手册》及《建筑物渗漏案例分析与处理》等 12 本书，约 400 余万字